新时期新型职业农民
科技培训"北京模式"实践探索

- 罗长寿
- 孙素芬 著
- 龚 晶

U0272598

中国农业科学技术出版社

图书在版编目（CIP）数据

新时期新型职业农民科技培训"北京模式"实践探索／罗长寿，孙素芬，龚晶著. —北京：中国农业科学技术出版社，2020.9

ISBN 978-7-5116-4860-0

Ⅰ.①新…　Ⅱ.①罗…②孙…③龚…　Ⅲ.①农民教育-教育培训-研究-北京　Ⅳ.①G725

中国版本图书馆 CIP 数据核字（2020）第 120719 号

责任编辑	徐　毅　褚　怡
责任校对	贾海霞

出 版 者	中国农业科学技术出版社
	北京市中关村南大街 12 号　邮编：100081
电　　话	（010）82106631（编辑室）　（010）82109702（发行部）
	（010）82109709（读者服务部）
传　　真	（010）82106631
网　　址	http://www.castp.cn
经 销 者	各地新华书店
印 刷 者	北京富泰印刷有限责任公司
开　　本	880 mm×1 230 mm　1/32
印　　张	5
字　　数	130 千字
版　　次	2020 年 9 月第 1 版　2020 年 9 月第 1 次印刷
定　　价	25.00 元

《新时期新型职业农民科技培训"北京模式"实践探索》

编 委 会

主　　任：孙素芬

副 主 任：秦向阳　杨国航　于　峰　龚　晶　郭建鑫

委　　员：(按姓氏笔画排序)

　　　　　程继川　张峻峰　耿东梅　张　卫　罗长寿

主　　著：罗长寿　孙素芬　龚　晶

副 主 著：郑亚明　曹承忠　魏清凤

编写人员：(按姓氏笔画排序)

　　　　　于维水　王富荣　王曼维　陆　阳　马文雯

　　　　　余　军　孟　鹤　赵　娣　相志洪　栾汝朋

　　　　　郭　强　黄　杰

前　　言

新型职业农民科技培训是农村人力资源开发的重要途径，自2012年我国启动实施新型职业农民培训工程以来，新型职业农民教育培训体系逐步形成，培训模式不断创新，一大批新型职业农民迅速成长，成为现代农业发展的重要力量。针对新时期新型职业农民需求，适应农业农村形势发展需要，大力培育新型职业农民，提高科技培训实际效果，提升新型职业农民科技文化素质，对于深化农村改革，增强农村发展活力，保障重要农产品有效供给，推进现代农业发展和转型升级具有深远的意义。

本书分为新时期新型职业农民科技培训概述、新型职业农民科技培训"北京模式"构建、新型职业农民科技培训开展和新型职业农民科技培训绩效评估与成效影响4个章节。对新时期新型职业农民科技培训背景、现状以及面临的困难和机遇进行了梳理和分析，提出新型职业农民科技培训"北京模式"理论框架，对应用"北京模式"开展的新型职业农民科技培训实践和探索进行了详细介绍，并分析了新型职业农民科技培训的效果。著者长期致力于新型职业农民培训工作的开展实施，本书兼具理论与实践两方面内容，主要目的旨在为开展新型职业农民培训工作的人员提供一种思路，为提升新型职业农民培训实效提供参考，共同推动我国新型职业农民培训工作的开展。

在新型职业农民科技培训实践探索过程中，得到了北京市农业农村局、北京市科学技术委员会、北京市农林科学院成果转化与推广处、科研管理处及各区农业农村局等部门的大力支持，在此表示衷心的感谢!

　　本书撰写受到《北京市农村远程信息服务工程技术研究中心》、《农业生产智能精准信息服务关键技术集成应用》、《科技帮扶资源服务平台建设及低收入精准帮扶示范应用》等项目资助,特此感谢!

　　鉴于作者技术水平有限,书中不尽如人意之处在所难免,敬请各位同行和广大读者批评指正!

著　者
2020 年 5 月

目　　录

第一章　新时期新型职业农民科技培训概述

第一节　新时期农民科技培训的背景

一、新时期农业地位不断增强

我国是一个传统的农业大国，农业作为解决人们基本生活需求的基础产业，在国民经济发展中具有不可替代的基础性地位。人类社会不管在哪个发展阶段，都以农业发展作为支撑，农业是经济发展的基础。如果缺乏农业发展的保障，那么，整个人类社会发展就会受限。农业的产值对于其他产业发展也具有重要的影响作用，只有基于农业发展，才能促进其他产业的发展。我国用世界上1/7的耕地养活了占世界1/5的人口，这不仅对于中国甚至对于世界来说都是一个奇迹，因此，农业的基础位置是不可动摇的，在任何时候都不能忽视的。

农业的地位以及作用随着社会发展而不断提高，未来重视的程度和支持力度只会加强。中央一号文件原是中央对全年需要重点解决的问题所作出的指示性文件，现在已经演变成以"三农"为主题所做的纲领性文件，更加强调了"三农"在我国全面建成小康社会和实现社会主义现代化建设中的重要地位。自改革开放以来，中共中央在1982—1986年连续5年发布以"三农"为主题的中央一号文件，对农业的发展、农民的增收和农村的改革作出具体的部署。又从 2004 年党中央国务院发布了时隔 18 年之久的中央一号文件《关于促进农民增加收入若干政策的意见》，之后每年中央一号文件都以农业为主题，将农业发展的战略地位提高到了从未有过的高度。党的十八大以来，以习近平为核心的党中央始终坚持将"三农"问题作为全党工作的重中之重，更加强调了农业的地位。农业发展的好与坏、快与慢对中华民族伟大复兴的宏伟事业、新时代建设富强民主文明和谐美丽的社会主义现代化强国具有巨大的影响。党的十九大的召开标志着我国进入社会主义新时代，这意味着我们将开启一个全新的时代，更是提出了以产业兴旺、生态宜居、乡风文明、治理有效、生活富裕为总要求的乡村振兴战略并将其写入了党章，成为全党意志和共同行动纲领。习近平总书记在中央经济工作会议上关于农业发展的重要讲话，突出强调的是农业在我国国民经济中的关键地位，也从根本上体现出党中央和国家从国家发展全局的角度重视农业发展的地位。

二、乡村振兴成为国家发展大战略

21 世纪以来，党和政府始终把"三农"问题作为党和国家工作的重中之重，在国家各项政策的支持下，"三农"工作取得了长足的发展，但农业竞争力不强、农村发展滞后、农民收入水平较低的状况尚未得到根本性改变，"三农"问题仍是我国经济社会发展最大的短板和现代化建设最薄弱的环节。进入中国特色社会主义新时代，我国社会矛盾在乡村最为突出，最大的不平衡是城乡之间和农村内部发展的不平衡，最大的不充分是"三农"发展的不充分。习近平总书记在党的十九大报告中首次提出，实施乡村振兴战略，要求坚持农业农村优先发展，加快推进农业农村现代化。李克强总理在政府工作报告中，对大力实施乡村振兴战略的重点任务作出具体部署。大力推进乡村振兴，并将其提升到战略高度、写入党章，这是党中央着眼于全面建成小康社会、全面建设社会主义现代化国家作出的重大战略决策，是新时代"三农"工作的重要指导思想，是解决我国最大的发展不平衡不充分、加快实现农业农村现代化的重大行动举措。乡村振兴战略站位高远、目标宏伟、意义重大，是新时代习近平中国特色社会主义思想的重要组成部分，是党在新时代实施重大战略之一。

实施乡村振兴战略具有重大意义，要推动乡村产业振兴、人才振兴、文化振兴、生态振兴、组织振兴，促进乡村振兴健康有序进行。中共中央、国务院印发《乡村振兴战略规划（2018—2022 年）》，全面阐述实施乡村振兴战略的重大意义、总体要求、目标任务、工作重点，描绘实现乡村振兴的宏伟蓝图。乡村振兴的 5 个方面，统一于农业农村现代化建设进程中，相互联系，相互促进。实施乡村振兴战略，农民是主体，人才是关键。人才是强农兴农富民的根本，建设现代农业，实施乡村振兴战略，需要坚持把人才队伍建设、发挥人才作用作为核心要素，需要着力培育乡村发展所需的基层组织引路人、农业科技人才和专业人才，需要努力培养更多爱农业、懂技术、善经营的新型职业农民。

三、科技传播化身精准扶贫新举措

党的十八大以来，习近平总书记创造性地提出了"精准扶贫"思想，是习近平新时代中国特色社会主义思想的重要组成部分，它对于打赢扶贫攻坚战、决胜全面建成小康社会具有重要的理论与实践意义。"精准扶贫"能够使全体人民共享改革发展成果，实现共同富裕，也是体现中国特色社会主义制度优越性的重要标志。党的十九大报告再次把精准扶贫提高到新的战略位置，对坚决打赢脱贫攻坚战提出了明确的要求，要求必须坚持以习近平新时代中国特色社会主义思想为指导，充分发挥政治优势和制度优势，动员全党全社会力量，坚持精准扶贫，精准脱贫，确保如期完成脱贫攻坚任务。强调要发挥党的领导作用和社会的援助力量，始终把精准扶贫和精准脱贫作为工作重点，坚持发挥中央统一筹划，省、市、县分工明确的工作机制，同时，强化党政一把手负总责的责任制，深入开展东西部扶贫协作，在扶贫的过程中还要重点关注与"扶志"与"扶智"的结合。

我国政府对于精准扶贫工作予以高度重视，采取多元化手段进行扶贫，其中，科技传播是国家精准扶贫的重要手段之一。农业科技传播是指通过一定的途径和渠道把指导农业生产和农村生活的科技信息传递给需要这些信息的农民群众，使他们获得相应的农业科技知识，加速农业科技成果的转化速度，推进农业的快速发展。我国农业科技推广传播的模式主要是政府公益性的农业技术推广模式、农业科研单位和农业院校服务相结合的模式、"公司+农户"模式、农业科技示范园区的模式、大众传媒传播模式等。科学技术是推动生产力进步和深化供给侧改革的动力，要解决农业存在的诸多问题，实施精准扶贫战略，核心是要加快农业科技创新步伐，推动农业科技成果快速转化为现实生产力并实现产业化，满足农业及农村经济发展对科技的需求，科技传播对于农民素质普遍提高的意义更加凸显。

四、新型职业农民培育受到高度重视

务农重本，国之大纲。发展农业、富裕农民、造福农村是"三农"工作的总指引。我国作为农业大国，正处在由传统农业向现代农业转型的关键时期，农民素质水平直接影响着我国农业现代化建设的进程。我国农业总体发展良好，农业综合生产能力实现跨越式发展，但是农业发展也面临着一些困难，农业生产成本上升，农业竞争力下降，进口和库存不均衡，农业生产生态环境压力增大等，都对农业从业者提出了更加专业化、职业化的时代要求。然而目前却面临着农村空心化、农民兼业化等严重问

题，农村实用人才严重缺乏，农业后继者缺乏，这对解决"三农"问题造成很大困难。我国迫切需要培育一支有文化、懂技术、善经营、会管理的新型职业农民队伍。加快培育新型职业农民是强化乡村振兴人才支撑的重要举措，是新农村建设、农业现代化、农民增收和乡村振兴的迫切要求，是关系到"谁来种地""如何种好地"以及关系到农业是否后继有人的国家战略。

2012年中共中央、国务院印发的中央一号文件《关于加快推进农业科技创新持续增强农产品供给保障能力的若干意见》提出"大力培育新型职业农民"。为贯彻落实中央一号文件精神，加快新型职业农民培育，推进农业现代化发展，农业部办公厅印发了《关于印发新型职业农民培育试点工作方案的通知》和《关于新型职业农民培育试点工作的指导意见》，各地方也不断出台了《关于开展新型职业农民培育工程培训对象遴选工作的通知》《新型职业农民培育工作实施方案》《新型职业农民扶持奖励办法》《新型职业农民政策扶持办法》等系列培育扶持新型职业农民的政策。2012年至今，中央一号文件已连续8年提到新型职业农民培育工作，将其视作提升农业发展内生动力，推进农村改革，解决"三农"问题的关键。农业农村部每年发布新型职业农民培育工作通知，在新型职业农民认定、培育方式、培育开展等方面作出了具体计划要求和进行详细部署。2017年为加快培育新型职业农民，贯彻落实《全国农业现代化规划（2016—2020年）》，出台了《"十三五"全国新型职业农民培育发展规划》，是我国制定的第一个专门规划，对于推动"十三五"期间的新型职业农民持续健康发展具有重要意义。在这份规划中农业部（现农业农村部）强调新型职业农民是以农业为主要职业、具有必备的相应专业技能、主要收入来源是农业生产经营并达到相当规模水平的现代农业从业者。作出了"政府主导、立足市场、产业为本、精准培育"为原则的新型职业农民培育的顶层设计，提出了到 2020 年我国新型职业农民总量超过 2 000 万人的发展目标，并从文化素质、行业分布、信息化手段、培育体系和培育制度等方面提出了 7 项约束性指标和 3 项预期性指标。值得注意的是，该规划指出了应不断完善新型职业农民线上教育培训平台，且开展线上教育培训的课程不得少于总课程的 30%，还需要开展线上跟踪服务。纵观历年中央一号文件对新型职业农民培育的推陈出新，结合农业农村部的培育政策，实现了从框架到细节的跨越，为加快新型职业农民培育提供了政策支持和方向指引。习近平总书记在党的十九大报告中特别提出实施乡村振兴战略，强调要把解决好"三农"问题作为全党工作重中之重，要建设知识型、技能型、创新型的劳动者大军，培养造就一支懂农业、爱农村、爱农民的"三农"工作队伍，对新型职业农民培养提出了新的要求和挑战。

第二节　新时期农民科技培训现状及存在问题

一、新时期新型职业农民培育的时代特征

新型职业农民培育是新时代发展需要。党的十九大指出，中国特色社会主义进入了新时代，这是我国新的历史方位。新时代内涵丰富，是承前启后、继往开来、在新的历史条件下继续夺取中国特色社会主义事业伟大胜利的时代，是决胜全面建成小康社会、进而全面建设社会主义现代化强国的时代，是全国各族人民团结奋斗、不断创造美好生活、逐步实现全体人民共同富裕的时代，是全体中华儿女勠力同心、奋力实现中华民族伟大复兴中国梦的时代，是我国日益走进世界舞台中央、不断为人类作出更大贡献的时代。当前，我国正处于决胜全面建成小康社会的关键时期，决胜全面建成小康社会有赖于城乡的统筹发展，难点在于农

村的同步发展，农村的发展关键看农民，农民的综合素质和职业技能提高，就有利于促进农村的快速发展。新型职业农民培养是新时代中国特色社会主义发展的需要，是实施乡村振兴战略的需要，是现代农业发展的需要，是现代农民发展的需要，更是实现人民对美好生活向往的需要。

"互联网+"时代为新型职业农民培育带来很多新契机。在科技飞速发展的新背景下，农业在不断进步，以互联网为代表的信息技术日新月异，让我们颠覆传统获取信息方式，完全可以做到"不出门全知天下事"。"互联网+"是充分利用互联网平台，最大化利用信息通信技术，将互联网和包含传统行业在内的各个行业有效联结起来，在新的领域范围内打造出一种新的生态。预计到2020年，通过完善电信普通服务补偿机制等办法，我国农村互联网覆盖率将能达到90%以上。届时，将会有更多的农民成为网民，互联网将全方位地改变农民的生产与生活，将成为农民的另一片耕地，更多农民将能够从互联网上学知识、学技术、推销农产品和寻找相关问题的解决办法。互联网对农民的生产和生活方式产生深远影响，也要求农民不断提高学习能力、营销意识和合作精神，不断借助互联网以及新技术的发展推动农业生产和经营方式的转变。"互联网+"培训技术能够扩大培训对象范围，整合培训内容，开放教育资源，改善培训方式。这对新型职业农民培训而言，是机遇和挑战并存。

科技化是新型职业农民培育的重要动力。我国传统农产品产业一般都是依靠人力来完成，或者是以简单型的机械化为主，但随着改革开放，科技化越来越明显。在现代农产品的行业中，人工智能和科技化的体现尤为明显。目前，很多农产品都是由无人机配送，用机器人进行分拣，很多以前用人力来完成的事现在是用机器来完成，大大解放了人工劳动力，降低企业的成本。而科技化不仅体现在农产品的生产中，还体现在农产品的加工、农产品流通过程中。农业现代化的核心是标准化、专业化、规模化和集约化,随着农业由传统小农生产方式向社会化大生产方式的转变,迫切需要一批掌握现代农耕技术、能够熟练操作现代农用装备、具备一定的市场营销能力和经营管理水平的新型职业农民。培育新型职业农民已成为农业经济发展的重要力量,成为推动农业生产方式的转变和加快农业现代化发展的有效手段。

二、我国新型职业农民科技培训基本现状

1. 初步形成"一主多元"培训体系

政府主导,相关部门密切配合,各类教育培训机构和社会力量广泛参与的"一主多元"培育体系是我国新型职业农民培训开展的主要特征。各地形成了以政府参与为主体,发挥农业广播电视学校的组织协调与基地服务作用,吸引涉农院校、科研院所、农技推广部门、社会培训机构参与培训,鼓励和支持农业企业、农业科技园区、农民专业合作社等新型经营主体参与培训,建立农民田间学校和实训基地,与农业培训主体形成合力,满足新型职业农民多层次、多形式、广覆盖、经常性、制度化教育培训需求。"一主多元"的培训体系,有助于充分发挥各种农民教育培训资源作用,形成大联合、大协作、大教育、大培训格局。能够进一步强化农业科研院所、农业院校社会服务功能,鼓励结合科研、教学和推广服务开展农民教育培训。

2. 培训扶持力度不断增加

新型职业农民培育的资金力度不断扩大。2014 年和 2015 年中央财政资金每年投入 11 亿元,2016 年和 2017 年分别扩大到 13.9 亿元和 15 亿元。2018 年,中央财政继续安排补助资金 20 亿元,根据乡村振兴对不同层次人才的需求,分层分类培育新型职业农民 100 万人以上。2019 年开始,启动职业农民培育 3 年提质增效行动,中央财政继续安排 20 亿元,聚焦乡村振兴人才需

求，分层分类实施农业经理人、新型农业经营主体带头人、农村实用人才和现代创业创新青年等培育计划，全年培育职业农民100万人以上。中央财政资金的投入带动了省级财政资金，安排专项资金开展新型职业农民培育。2017年地方各级财政投入突破10亿元，生产经营型职业农民补助3 000元左右，现代青年农场主和农业职业经理人的补助标准则更高。

政策扶持是培育新型职业农民的动力和保障，只有得到全社会各界的关注和重视，在需要得到帮助和支持的方面得到有效扶持，新型职业农民队伍才能不断发展壮大。从全国来看，扶持政策力度加大。虽然不同地区、不同产业、不同类型的新型职业农民对政策需求意愿各不相同，但是总体上讲，新型职业农民在不同程度上享受了在土地流转、农业补贴、金融信贷、农业保险、农业基础设施建设、技术支持服务、教育培训、产品营销、税费优惠减免、社会保障、社会地位和声誉提升等方面的扶持政策。农业部在2017年编制的《"十三五"全国新型职业农民培育发展规划》中明确提出，要推进教育培训、规范管理和政策扶持"三位一体"，生产经营型、专业技能型、专业服务型"三类协同"，初级、中级、高级"三级贯通"的新型职业农民培育制度框架。根据2018年中央农业广播电视学校发布的"新型职业农民发展指数"显示，2017年新型职业农民享受到政策扶持的达88.21%，平均每人享受2项政策。

3. 培训工程覆盖范围不断扩大

新型职业农民培育主要依托三大重点工程开展：新型职业农民培育工程、新型职业农民学历提升工程、新型职业农民培育信息化建设工程。三大重点工程中，新型职业农民培育工程是重中之重。新型职业农民培育工程，重点实施新型农业经营主体带头人轮训计划、现代青年农场主培养计划和农村实用人才带头人培养计划，加快建立一支规模宏大、结构合理、素质优良的新型职业农民队伍。新型农业经营主体带头人轮训计划以专业大户、家庭农场经营者、农民合作社带头人、农业龙头企业负责人和农业社会化服务组织负责人等为对象，2016 年和 2017 年分别培育42.5 万人、46.15 万人。现代青年农场主培养计划以中等教育及以上学历，年龄在 18~45 周岁的返乡下乡创业农民工、中高等院校毕业生、退役士兵以及农村务农青年为对象，开展为期 3 年的培养，其中，培育 2 年、后续跟踪服务 1 年。加强对现代青年农场主的培训指导、创业孵化、认定管理、政策扶持，吸引年轻人务农创业，提高其创业兴业能力。农村实用人才带头人培训计划以贫困地区农村两委干部、产业发展带头人、大学生村官等为主要对象，以现代农业和新农村发展的先进典型村为依托，按照"村庄是教室、村官是教师、现场是教材"的培养模式，通过专家授课、现场教学、交流研讨，不断提高农村带头人增收致富本领和示范带动能力。新型职业农民学历提升工程支持涉农职业院校开展新型职业农民学历教育，面向专业大户、家庭农场经营者、农民合作社负责人、农业企业经营管理人员、农村基层干部、返乡下乡涉农创业者、农村信息员和农业社会化服务人员等，采取农学结合、弹性学制、送教下乡等形式开展农民中高等职业教育，重点培养具有科学素养、创新精神、经营能力和示范带动作用的新型农业经营主体带头人与农业社会化服务人员，有效提高新型职业农民队伍综合素质和学历水平。新型职业农民培育信息化建设工程以提升新型职业农民培育信息化服务能力为目标，以改善教育培训和管理服务条件为重点，打造国家、省市、县及县以下三级新型职业农民培育信息化平台，提供在线学习、管理考核、跟踪指导服务。

4. 新型职业农民数量不断增加

自 2012 年以来，各试点县认真落实农业部关于新型职业农民培育工作的指示，积极开展新型职业农民培育工作，基本都完成或超额完成农业部下达的新型职业农民培育任务。新型职业农民示范培育范围也在不断扩大。2012年，农业部在全国100个县启动新型职业农民培育试点工作。2014年，农业部联合财政部启动实施新型职业农民培育工程，在全国遴选2个示范省、4个示范市和300个示范县。截至2016年，新型职业农民培育工程的实施范围已经扩大到8个省、30个市和2 000多个农业县（团、场）。到了2017年，全国共有2 027个农业县、区、农场开展新型职业农民培育工作。其中，127个县开展现代青年农场主培育，1 041个县开展新型农业经营主体带头人培育。新型职业农民培育工作大力开展下，新型职业农民培育数量不断增加。2016年全国培育新型职业农民91万人，2017年和2018年培育数量均超过100万人。

5. 身份认定逐步实施

在新型职业农民的培育过程中，分级认定不断推进，分为初级、中级、高级。这些认定的职业农民除接受跟踪服务与再培训教育外，享受到的扶持政策也越来越多，真正体验到了"新型职业农民"这一职业身份带来的尊严。数据显示，2014—2015年，全国共有1 121个县开展认定工作，认定新型职业农民21万余人，占培育总人数的10.89%。2016年全国共认定新型职业农民27.6万人，占培育总人数的30.21%。2017年，全国已有18个省（区、市）和黑龙江农垦、宁波市出台了认定管理办法。

三、新时期农民科技培训面临的困难

我国新型职业农民队伍建设取得了实质性的进步，但是仍然和现代农业要求不相适应。新型职业农民培训工作是一项长期复杂的系统性工程，在培训过程中难免面临一些困难和挑战，要正确面对和克服这些困难，才能不断提升培训成效。

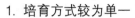

1. 培育方式较为单一

当前培训虽然有室内课堂、基地课堂、移动课堂和网络课堂等方式，但大多还是采用举办培训班、课堂讲授等传统的培训形式，主要还是停留在理论知识传授的层面，实地参观、田间操作和农业生产等实践层面涉及较少，几种培训方式不能因地制宜的有机组合，缺少灵活性，培训方式较为单一。

2. 培训内容脱离实际

培训机构缺少实际调研，不能真正掌握农民的实际技术需求，培训内容缺乏时效性和针对性。有的机构在培训时把一个地方的培训内容直接用到另一个地方，在培训之前不事先进行调研与访谈，不了解当地农业产业特色和农民的真实需求，不能针对独特的资源和产业特色展开，培训内容与当地农民培训需求不符，有些培训内容重复脱离实际，有些培训内容僵化缺少兴趣，不能符合实际的农业发展需求，既而造成农民培训时积极性不高。

3. 培训时间不合理

农业是个时效性很强的产业，在农忙时候进行的培训效果肯定不如在农闲时候培训的效果。有一些短期课程只是安排一次，时间安排与课程进度要求与农忙时节冲突，农民不能参加，常会漏掉，造成农民参加培训的出勤率偏低。长期培训需要到指定的培训地点脱产学习，农民又不能完全放下农业生产和务工，保证不了培训的效果。目前，农民培训主要以短期培训居多，长期培训较少，在短时间内，农民如果想真正学习到新技术是很困难的。

4. 培训师资力量不足

对于新型职业农民的培训，需要培训教师既要有关于农业生产如何进行经营、管理和市场化方面的知识，也要有农业生产方面的相关知识，这就要求培训教师理论知识和实践经验都需丰富。目前，新型职业农民科技培训的师资规模偏小，部分培训教师在专业上、学历上、经验上都不能很好地满足培训需求，尤其是具备理论和实践双向能力的教师较少。有的教师实践经验不足，仅仅是理论知识讲解，没有很好的授课方式，农民不能很好地接受，理解程度不够，使得培训兴趣降低。有的教师缺少知识更新的机会，长期停留在以往的经验和知识框架内，不能适应农业发展的新的技术需求，对农民真正需求的技术掌握不够，在一定程度上影响了教学质量。

5. 培训对象主体流失

培养年轻化的职业农民已经成为我国农业发展的趋势，而且青年群体是互联网技术人才的主要来源。但令人担忧的是，有些年轻人认为从事农业生产辛苦且收入待遇差、没有发展前景、缺乏社会保障。国家在农业技术人才这一方面投入还处于薄弱环节，懂互联网相关技术的人才不愿意返乡从事与农业生产有关的工作，而是选择去北京、上海、广州等城市发展。农村青年群体流失严重，造成新型职业农民培育主体严重缺失。

第三节　新时期新型职业农民科技培训的机遇分析

一、新型职业农民科技培训的内生需求持续旺盛

改革开放以来，我国高速发展，二、三产业可谓日新月异，农业虽然也取得了长足进步，但相较于经济的高速发展，农业的滞后愈加突出，农业现代化的需求更加紧迫。现代农业需要现代技术和理念来引领，需要现代设备来支撑，而发展现代农业，实现农业现代化，核心就是农民的职业化与高素质化，高素质的职业农民就是靠知识和技能武装起来的。这个核心很大程度上依靠对农民的培训。因此，培训对于职业农民，对于农业现代化都是

至关重要的，都是十分迫切的。培养一支懂农业、爱农村、爱农民的"三农"工作队伍，就要优先培育新型职业农民。随着农业现代化的推进，新型职业农民对于知识技能有了深刻认识，都能意识到自身文化知识的缺陷和科技技术的缺乏，都渴望学习新技术，提高增收致富的能力，学习的意愿越来越强烈，也越来越意识到培训对其的重要意义，培训的参与意识和自觉性不断提高。针对乡村振兴要求，结合当前科技发展情况，通过现代化农业技能培训开展，在农村构筑有效的技能培训体系，对农民急需提升的各种技能进行培训。同时，注意结合农民需求，分门别类培养，满足农民的个体化需求，不断激发新型职业农民科技培训的内生动力，引领农民整体素质的提高。

二、新型职业农民科技培训的外部环境得到优化

新时代新型职业农民的培养环境对于新型职业农民的成长至关重要。随着社会不断发展和进步，新型职业农民培养环境得到不断优化，主要表现在社会环境、制度环境、财政金融环境、教育环境等方面。

在社会环境方面，主要表现在不断健全的土地制度、充分的社会尊重、系统的学习条件、充分的城乡要素流动等。随着城乡一体化的进程不断开展，率先走上小康的道路的农民在城市定居的情况比比皆是，农民作为一种身份的概念将会逐渐模糊乃至消失，取而代之的是具有一定社会地位的新型职业农民。新型职业农民的地位不断得到承认，新型职业农民成为一种职业的代名词。随着基础设施建设加强，农业投入成本降低，农村人居环境改善，为新型职业农民培养创造了有利的社会环境。在制度环境方面，土地制度、农民组织制度、政府的支持与服务、农民教育制度不断完善，新型职业农民培养的制度环境不断优化。在财政金融环境方面，构建起包括财政资金投入机制、培训对象瞄准和

激励机制、培训对象选择机制在内的新型职业农民培养的财政支持机制，推进新型职业农民培养。在教育环境方面，不断改变传统新型职业农民的教育模式，优化师资队伍，降低参与新型职业农民培养的身份限制。培养新型职业农民的过程中，注重可持续发展理念、农产品销售的市场意识、品牌意识、农业发展循环理念、社会责任等方面的提升，进一步提升新型职业农民培养工作的开展和效果。

三、新型职业农民科技培训的技术手段得以升级

现代信息技术改变了人类社会生活中的各个方面，农民农业科技培训领域也不例外。互联网、大数据、物联网等信息技术的广泛应用助推了传统农业的升级，为培育新型职业农民带来了许多新的契机，为职业农民培训提供了良好的物质和技术基础。将信息技术引入培训工作中来，合理运用这些条件，实现培训手段现代化，对新型职业农民培育以课堂讲授为主的方式进行有力补充，引导农民通过现代化信息手段来参与培训学习，很大程度上解决了那些受时间、地域等条件限制而出现的不公平问题，实现培训资源开放共享。

以互联网为基础的网络学习平台，为新型职业农民提供个性化学习服务和为管理者提供不同维度的管理服务提供了条件。网络在线培训利用网络实现远程在线培训，可以把一流的专家请到农民身边。与一些知名专家和教授就某个问题直接对话。比传统授课培训节约时间经济成本，有效解决培训安排与农时冲突。通过 App、微信、QQ 群、微博、今日头条、抖音等新媒体方式，查找农业信息、政策、寻求专家指导服务，实现随时随地随人的便捷高效。农民在连有网络的设备上安装培训 App，登录个人账号，自主选择感兴趣的或者实际需要的内容参加培训学习，大大提高了新型职业农民培育教育资源的利用率。同时，建立新型职

业农民数据库，管理者对职业农民开展在线认定管理考核、实时跟踪服务，有助于实现精准培育新型职业农民的目的。

四、新型职业农民科技培训的发展空间不断拓展

新型职业农民培训是我国农业现代化的核心内容，是大有可为的领域。新型职业农民队伍的成长到成熟，是我国农业现代化的关键，也是农业现代化进程中始终相伴的关键性问题。

大力培育新型职业农民，是深化农村改革、增强农村发展活力的重大举措，也是发展现代农业、保障重要农产品有效供给的关键环节。培育新型职业农民，是确保国家粮食安全和重要农产品有效供给的迫切需要。随着人口总量增加、城镇人口比重上升、居民消费水平不断提高、农产品工业用途的拓展，我国农产品需求呈刚性增长。习近平总书记强调："中国人的饭碗要牢牢端在自己手里"，实现这一目标，最根本的还得依靠农民，特别是要依靠高素质的新型职业农民。只有加快培养一代新型职业农民，调动其生产积极性，农民队伍的整体素质才能得到提升，农业问题才能得到很好解决，粮食安全才能得到有效保障。

培育新型职业农民，是推进现代农业转型升级的迫切需要。当前，我国农业生产经营方式正从单一农户、种养为主、手工劳动为主，向主体多元、领域拓宽、广泛采用农业机械和现代科技转变，现代农业已发展成为一、二、三产业高度融合的产业体系。许多农民科技文化水平不高，不会运用先进的农业技术和生产工具，接受新技术新知识的能力不强。只有培养一大批具有较强市场意识，懂经营、会管理、有技术的新型职业农民，现代农业发展才有人才支撑。

培育新型职业农民，是构建新型农业经营体系的迫切需要。改革开放以来，我国农村劳动力大农业劳动力数量不断减少、素质结构性下降的问题日益突出，今后"谁来种地"成为一个重

大而紧迫的课题。确保农业发展"后继有人",关键是要构建新型农业经营体系,发展农业专业大户、家庭农场、农民专业合作社、产业化龙头企业和农业社会化服务组织等新型农业经营主体。把新型职业农民培养作为关系长远、关系根本的大事来抓,通过教育培训、规范管理、政策扶持等措施,留住一批拥有较高素质的青壮年从事农业,不断增强农业农村发展活力。

第二章　新型职业农民科技培训"北京模式"构建

第一节　新型职业农民科技培训"北京模式"内涵

在经济社会发展的新时代背景下，面对新型职业农民科技培训新时期的发展机遇，组织团队攻关，开展工作创新，在培训资源、培训体系、培训方式以及管理方面均作出了相关探索，总结形成了新时期新型职业农民科技培训的"北京模式"。"北京模式"的核心内容可概括为农业科技培训"两通四化"模式，即培训资源融通、组织体系畅通、培训内容精准化、培训形式多样化、培训管理标准化、培训服务品牌化。

一、培训资源融通

优质的培训师资资源是开展培训的基础保障，面向新型职业农民的科技培训更是如此，培训师资资源的质量直接影响培训的效果。培训资源融通，即农业科技培训资源融合利用。通过机制创新、行业联合等方式，打破管理壁垒，促进中央在京单位、科研院所和农业大专院校等不同来源的专家资源能够有效聚集，为科技培训提供师资资源支持。

由于农业的特质性和培训对象的特殊性，要求农业科技培训的导师（专家）不仅要有丰富的专业知识，更要能充分融入实践，用农民耳熟能详的话语传授给他们知识和技术。以此为导向，加大培训师资队伍建设，通过区域共建、工作联动、院区合作等形式，聚合了中国农业科学院等中央在京单位，中国农业大学、北京农学院、北京农业职业学院等农业高等院校，北京市农业农村局等市级单位和区县农科所、农业综合服务中心专家，部分乡镇的乡土专家共同组成的师资队伍，专业涵盖了农业生产经营的各个方面，满足了不同对象、不同层次、不同要求的培训需求。

二、组织体系畅通

强有力的培训组织体系是推进实施新型职业农民科技培训的组织载体和保障。组织体系畅通，即通过组织和人员的连接，形成直达用户的培训供需对接机制，实现科技培训从源头到用户需求的无缝对接。

根据培训需求建立上下联动的培训组织体系。依托现有的政府科技工作体系，尤其是农业科技推广体系，建立了市、区、乡镇和村级组织（人员）共同参与的培训组织体系。市、区、镇三级主要依托政府农业科技职能部门，镇村以下则主要依托农民合作组织、农业园区、生产基地以及全科农技员、科技示范户等，在重点需求生产基地和专业村建立重点联系人，形成新型职业农民科技培训实施的组织网络。同时，也将其作为信息传递的网络，使农民科技培训有了组织依托，有效防止了培训内容与需求脱节的问题。

三、培训内容精准化

培训内容能否精准对接需求是新型职业农民农村科技培训能否取得效果的基础和前提。在培训需求对接方面，通过实施专题调研掌握需求，针对需求精选课程，进行培训供需精准对接，确保培训有的放矢。

培训实践操作过程中力求做到 3 点:一是培训内容设计精准,根据当地农业产业发展中的实际问题和生产需求组织培训内容,使每期培训内容紧密结合生产实际,确保培训对象能学有所用。二是培训课程安排精准。改变过去"一期培训管一年"的做法,根据农时精准安排培训课程的分布,形成覆盖农业生产周期的系列培训模式,实现培训内容随着生产安排层层递进,增强了培训效果。三是培训导师选择精准。在根据不同的培训对象人群和培训内容选择不同培训方式的基础上,精选最适合的培训导师,让老师讲最擅长的,让用户听最想听的,保障培训效果。例如,将一些操作性强的培训安排到田间地头,选择在实践经验方面具有特长的指导教师(专家),安排实操指导培训,手把手传授技术,使得农户在理解基本理论知识的同时,通过实际动手训练、体验和掌握技术操作,促进学用结合,实现技能精准提升。

四、培训管理标准化

　　我国长期持续开展了农民科技培训工程,但效果一直不稳定。究其原因,最重要的一点就是以农民为对象的培训标准化难度大,培训质量效果难以保证。培训管理标准化,就是针对不同的培训对象和需求,找到合适的标准尺度,对培训进行规范化管理,通过标准化控制,最大限度地保证农业科技培训的规范性和质量。

　　实践操作中重点从培训程序和组织管理上进行规范。在培训前,进行需求摸底,尽量将基础相近和需求一致的培训对象进行集中,保证培训基础的一致性和目标针对性;培训中执行规范培训程序。按照标准程序执行培训,确保目标清晰,内容准确,讲解透彻,达到效果;培训后,严格执行培训评价和回访程序,根据评价回看培训效果,不断对培训操作进行提升和改进。实施培训环节控制,对每个培训环节落实定量要求,把培训效果落实为每个环节的可操作标准，形成指导实施的依据。要求培训导师把培训内容量化落实到知识点数量、讲解时长和互动记录，形成可操作、可记录的规范来对照执行，使培训效果得到保障。

五、培训形式多样化

多样的培训形式是吸引培训对象和推进培训实施的重要手段。农民对培训的需求呈现多样化特点，因此，切忌培训形式千篇一律、死板无趣，那样容易使农民失去学习兴趣。面对新型职业农民变化多样的农业科技培训需求，通过匹配用户适宜接收的培训形式，有助于提升培训效果，吸引更多的培训对象参与，从而提高培训覆盖能力。

在实际培训操作中，针对不同的培训需求，在开展用户调研的基础上，与培训导师积极沟通，理性对接准确的培训形式进行组织，以期实现较为理想的培训效果。例如，针对农业政策为主的培训内容，一般采取课堂教学+观看视频的形式，有助于讲清讲透政策，同时，用户接受程度高；针对农业生产技术内容，根据实际需求采取田间课堂的方式，进行技术理论+田间操作的形式讲解，既有老师（专家）讲解指导，又有实践操作，有助于农民对技术的学习掌握；针对需要推广的农业技术成果，采取组织农民到成果应用的基地进行实地观摩，让大家能够看到成果应用的实际情况和效果，更为直观和具有说服力。此外，根据培训目标和对象的不同，还组织如农业知识技能大赛以及课堂学习加线上辅导等方式，使农业科技培训形式多样，起到了提升培训效果的作用。

六、培训服务品牌化

培训服务品牌化是新型职业农民科技培训可持续发展的总体要求。在着力推进培训标准化的基础上，进行培训的流程控制，细化培训计划、学员接待、导师安排、讲义印制、课堂教学、课后辅导以及结业反馈等每个执行环节，使培训始终处于高质量运作的框架下执行，夯实培训品牌的实践基础。

通过针对性强化品牌理念、品牌宣传、质量控制和优化提升效果，打造"京科惠农"培训服务品牌。申报了"京科惠农"农业科技培训服务商标，使品牌建设得到具象化；注重品牌宣传，培训前面向培训需求群体，培训中面向培训对象群体，培训后面向主管部门和社会公众等进行多种形式的培训宣传，促进品牌效应逐步扩展。通过与媒体合作开展培训预告、培训宣传报道等形式，扩大品牌影响；不断规范培训管理，优化培训效果，培育和提升品牌口碑，使"京科惠农"农业科技培训品牌逐步发展壮大。

第二节　新型职业农民科技培训"北京模式"主要内容

一、"北京模式"的基本框架

新型职业农民科技培训"北京模式"基本框架可以概括为"一个主体、两项辅助"。其中，"一个主体"是指由培训资源建设、培训需求对接、培训组织实施、培训效果反馈等组成的培训主体；"两项辅助"是指围绕培训主体进行了培训团队建设和制度建设两项辅助支撑。培训团队建设包括专家团队、管理团队、技术支撑团队、服务团队等团队建设；培训制度建设包括建设培训相关的管理制度、标准规范、安全管理制度以及其他制度等（图2-1）。

培训主体的培训资源建设由指导教师（专家）资源建设和培训知识库资源建设两部分组成，其中，指导教师（专家）资

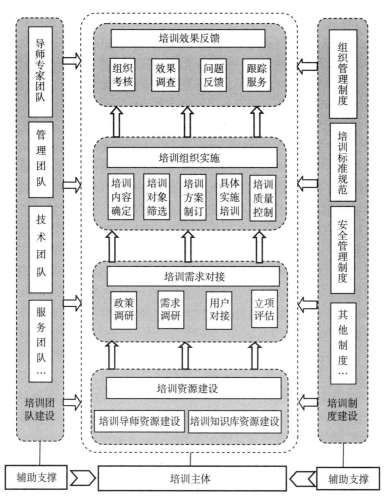

图 2-1 农业科技培训"北京模式"框架构成

源是科技培训的主体，也是科技培训赖以实施的人力基础。目前通过各种方式，融合了来自国家级、北京市及区县本土专家资源在内的农业及相关多学科专家在内的专家团队。培训知识库资源由多维关联农业科技知识库组织构架而成，包括用于农民科技培训学习的农业多媒体课件资源、影视科教片资源、农业专题数据库资源、网站信息资源以及其他资源等。这些资源在底层进行了多维关联整合，能够实现不同终端和系统的培训学习应用。

培训需求对接是培训实施的目标和基础，没有需求，培训就会失去方向。培训具体需求方向是通过大量调研确定的，调研不仅包括目标对象调研，还包括培训组织实施调研以及培训政策支持调研等。通过这些调研，确定培训实施目标、实施范围以及培训内容等培训需求内容，为培训开展奠定基础。在此基础上，通过需求评估决定是否实施培训，从而推进农业科技培训项目的具体对接。

培训组织实施是指开展培训的具体操作，是农民科技培训的主体部分，由科技培训策划方、组织方、实施方和培训对象共同参与完成。其完成实施情况的优劣，直接决定科技培训的效果和成败。

培训效果反馈是科技培训后进行的收尾环节，对提升培训效果必不可少。它的完成标志着一项科技培训的阶段性结束，同时又是产生新培训需求的起点。通过组织问卷、座谈和回访等形式的培训效果调查，获得农业科技培训实施的效果评价，查找反馈问题，有助于在总结培训经验的同时，反思和查找培训中存在的不足，在此过程中进一步挖掘新需求，为下一步新的培训打下基础。

培训团队建设是新型职业农民科技培训顺利进行的智力和人力保障。只有建设好了专家团队、管理团队、服务团队等培训团队，才能使面向农业科技需求的培训服务有了资源提供者、服务组织者以及发展的管理者，使科技培训有了组织依托，才能持续发展。

培训制度建设是新型职业农民科技培训的机制支撑，为农业科技服务提供了管理依托和质量保障。通过制度建设，使服务有章可循；通过标准和规范建设，使科技培训质量得到保障和提高。

二、"北京模式"的主要内容

（一）培训团队建设

　　培训团队建设是实施新型职业农民科技培训的组织人力基础，也是培训实施的关键能动因素。因此，培训团队建设是农业科技培训"北京模式"执行的基本关键环节。

1. 培训专家团队建设

　　精良的新型职业农民科技培训指导教师（专家）团队，是培训实施的基础条件之一。在培训实施过程中，指导教师（专家）的作用极其重要，他们不仅是传播农业科技知识的主体，同时也是培训教学的具体组织实施者，其作用的发挥直接影响农业科技培训的质量和效果。以满足培训的专业需求为目标，不断筛选和扩充培训专家，确保满足不断增长的科技培训服务需求。在实际培训操作中，尽量优选和储备同一专业不同方向和不同能力特点的指导教师，以确保满足不同培训个性化的需求，达到实现最佳培训效果。以此为出发点，建立了一支汇集由北京市农业科技专家为主体、中央在京院所及大学院校专家教授和乡土专家为补充的农民培训教师团队。包括由中国农业科学院、中国农业大学、北京市农林科学院、北京农学院、北京农业职业学院、北京市农业农村局专家以及"12396北京新农村科技服务热线"专家、各区农科所、农业综合服务中心专家以及部分乡镇的乡土专家共同组成，能够满足不同新型职业农民培训对象的培训需求。

2. 管理服务团队建设

　　培训管理和服务是培训组织实施的2个基础的方面，两者既有差别又有联系，且相辅相成，在实践中采取根据管理功能需求的差异进行团队建设分工。其中，管理团队主要侧重于培训工作的策划和管理，关注的重点是科技培训实施过程前端的相关事务。如策划培训项目，对培训方向和培训过程进行控制把握等，因此，他们一般以项目管理者的身份出现，主要担负培训策划、培训项目设置、培训质量控制等责任。服务团队则侧重于培训的实施操作，负责具体培训过程的事务性服务，如培训实施的分工落实等。由培训调研人员、培训联系人员、培训宣传人员、组织实施人员、培训效果反馈人员等不同的人员和队伍组成。其中，培训需求调研人员是培训服务的重要成员之一，他们通过调研为培训项目策划提供数据支持，是推动培训发展的动力；其他培训服务人员，主要参与培训过程，是推进培训的人力支撑。效果反馈人员主要从事培训效果的调查和反馈，对掌握培训效果，推进培训持续进行意义重大。实践中，一方面努力引进培训管理和服务的专业技术人员，使培训团队保持年轻化、专业化的发展趋势；另一方面对现有的培训管理和服务人员进行专业培训和锻炼。培训中，让培训管理骨干带领年轻人一起策划和操作，形成了以老带新的工作格局。同时，努力创造人才成长的工作环境，给新人出点子、让新人担担子，促进青年培训骨干成长，形成新型职业农民科技培训团队优化发展的良好氛围。

3. 技术支撑团队建设

技术支撑团队是新型职业农民科技培训服务团队的重要组成部分。随着现代信息技术的发展，新型职业科技培训开拓了线上培训学习平台。通过线上、线下共同推进，促进培训对象充分利用业余时间进行学习。技术团队围绕农业培训资源组织、培训资源精准服务等开展在线培训技术开发与集成应用，构建形成融培训资源建设、信息发布、学习课堂和培训交流等功能于一体的在线培训服务平台，实现了对农业科技培训资源充分利用和服务对象充分学习的有效衔接。

（二）培训制度建设

1. 培训管理制度

以制度化管理推进新型职业农民科技培训工作正常化，相关制度贯穿覆盖培训的运行前、运行中和运行后管理全程。培训运行前的管理制度目标是通过制度化管理积累需求，积累培训专家、科技资源，进行培训项目论证等，为培训实施准备条件。例如，培训需求调研制度、资源建设管理制度、培训立项申请程序制度等；运行中的管理制度主要涉及培训项目的运行操作管理，是培训项目及培训实施过程规范的依据。如培训项目管理制度，管理培训立项、实施、总结和结题等过程，以及培训实施过程管理相关制度，如培训登记制度、培训操作管理制度、培训对象管理制度、培训档案管理制度、培训设备管理制度等；培训运行后管理制度，主要涉及培训材料报送制度、培训效果调查制度、培训回访制度等，用以保证培训效果。通过这些培训制度的建立和实施，确保新型职业农民科技培训始终处于规范的制度框架内运行。

2. 培训实施规范

标准化是保障培训高效组织和取得可靠培训质量的保证。新型职业农民科技培训不同于其他专业技能的培训，由于农业科技涉及的农业对象一般是有生命的农作物，技术培训很多与农事操作相关，培训实现标准化具有困难多、难度大的特点，但在培训操作程序化方面可以进行规范，通过量化控制培训程序，保证培训效果。

在培训标准化方面进行了积极探索，形成了程序操作每个环节的标准化操作，实现"六有标准"：即培训安排有记录、培训学员有签到、培训专家有签字、培训过程有影像、培训信息有上报、培训结果有反馈，保障培训质量。建立培训台账，实行动态管理，让"六有标准"物化成为培训档案实物。培训台账包括培训信息登记表、学员签到表、考核成绩登记表等，用以详细记录每次培训参训学员、培训时间、培训地点、培训内容、授课人员，培训学时以及考试成绩等相关信息。规范教学程序，培训前把课程要求与导师充分交流，根据学员的需求导向，明确培训内容的各个环节、要求和量化指标，让老师进行定量操控，把培训质量控制落实到实际培训中。

3. 培训安全制度

培训安全是确保培训顺利实施的重要基础，面向农民的农业科技培训作为一项长期工作，安全建设至关重要。尤其是培训面向的对象为农民群体，总体安全意识不足，组织性、纪律性和自我管理能力都存在明显缺位。同时，培训活动又是涉及多个群体的集体性活动，容易出现突发状况，因此，做好培训安全控制非常必要，而且很有难度。为确保培训安全，制定和执行了一套较为完善的培训安全制度，包括培训设备安全使用规定、培训安全注意事项、安全问题现场处置预案等。从制度上、管理上和操作上力求堵住安全管理漏洞，确保培训安全有序进行。

在培训实施过程中，第一，从管理自身团队入手，要求牢固树立安全意识，把好培训安全关。严格注意培训过程中各种安全问题的把控和处置，把培训过程始终控制在安全稳定的形势下进行。第二，传递安全思想，促进安全意识在培训过程中贯穿如一。通过培训组织、现场环节控制等，让培训指导老师、培训组织人员和培训对象等培训相关人员，明确培训安全意识的重要性，配合培训安全实施。第三，培训过程进行相应安全把控。采取必要措施，包括进行培训路线导引，树立安全指示牌等，从细节操作上保障培训安全。同时，对可能出现的突发事件事先做出预案，以便应急处理。

(三)培训主体建设

1. 培训资源建设

努力建设和拓展科技培训资源，是切实提高培训服务能力的基础。一是不断丰富培训专家资源。不断优化培训专家引入扩展机制，吸引和聚合更多的农业技术专家参加到培训体系中来，促进拓展培训的专业领域和专家数量。充分发挥培训导师专家的专业作用，通过他们引入、推荐和扩充培训方向和内容；借助专家人脉，进一步扩充培训导师队伍。同时，对培训专家进行动态管理，实施内部评分和考评制度，优胜劣汰，促进专家队伍不断更新。二是不断梳理培训服务的信息资源。建立科技培训资源拓展机制，促进优质培训资源扩大化。对现有的各种培训知识库、科技成果资源进行梳理，分门别类进行登记，搭建应用共享平台，促进资源有序化应用。三是做好资源的物化转移和应用。对能够直接应用的农业政策、技术成果、技术应用等图文、音像资源，进行分类登记后，进行整理加工，转化为培训可直接利用的产品。例如，制作成为宣传册、宣传纸、技术明白纸等。对一些涉及技术面宽，内容知识点多的技术培训资源，进行分析和技术分解，形成网格化培训知识体系，用于培训过程中的知识辅导和学员辅助。

2. 培训需求对接

培训需求是推动开展培训的内生动力，任何培训都不能脱离需求进行。为了挖掘培训需求，一方面，建立培训需求调研机制，依托培训调研人员，调研梳理掌握培训需求；另一方面，建立培训反馈机制，从已经完成的老培训中挖掘新问题，找到新方向，推进实施新培训。在具体操作上，每年组织专业调研人员，通过网络调查、电话访谈和实地座谈等不同形式，适时开展培训需求专题调研，掌握培训需求变化动向，据此安排和调整培训方向及内容。同时，在实施培训的过程中，广泛与培训对象建立联系，实时进行培训效果调查，在调查掌握培训效果的同时，进行新问题、新需求的调查访谈，形成培训需求调查报告，为下一季服务打下基础。

3. 培训组织实施

（1）确定契合需求的培训内容。在培训需求调研的基础上，确定培训的主题和内容，使培训有的放矢。一是需求要有代表性，是关系到当地农业生产经营的重点问题，且具有一定的规模性，需求越普遍，就越具有培训的必要性。二是培训内容要具体，不能宽泛空洞，培训 1 次能够解决当地一至多个重点突出问题。三是要考虑培训内容的时效性。培训内容一定要结合农业生产实践，符合农事时效性需求，有一定的时间提前量则更好。即培训内容是当前正在需求或即将需求的技术或者问题，避免在问题已经无法控制时或已经过去才进行培训，提早发现问题、解决问题，才能有效发挥培训对生产的服务作用。

（2）筛选有代表性的培训对象。有效培训对象的选择是事关培训效果的一个重要因素。在培训过程中，面对需求选择培训对象时，尽量选择具有一定生产代表性的人员作为培训的主要对象群体。如开展农业生产农事技术培训时，凡是正在从事该项生产的农户都应作为培训对象，逐一培训不可能实现。因此，培训时需要从这些大量需求对象中选择一部分具有代表性的群体进行培训，由他们作为技术二传手以点带面。在实际执行区县应时应季技术培训时，就选择了具有一定生产技术能力和示范带动作用的农村科技示范人员作为目标培训对象，包括掌握一定科技知识和生产经验的村级全科农技员、科技示范户、生产大户和基地技术人员等，这些人员，一方面具有一定的科技基础，生产技术娴熟；另一方面他们具有一定的问题归纳和解决能力，对技术知识接收更快，培训效果更好。由于有一定的示范带动作用，他们接受培训得到提升后，能够发挥种子作用，把技术传播给其他人，达到科技培训辐射扩展的目的。

（3）策划周密精准的培训方案。周密精准的实施方案是培训能够顺利实施的前提保障，方案的周密性和精准程度决定了培训应当取得的效果。实践过程中，在培训方案制订方面注重培训前期调研，精准掌握培训的需求对象、需求内容和规模，据此选择适当的培训形式，精选培训导师，细化培训内容和操作过程，细致做好培训质量控制。在抓住这些关键因素的同时，尽力在培训场地、设施等外部服务方面做好积极保障，确保培训实施顺利，不出纰漏。

讲求培训方法设计，力求培训形式多样、针对性强。针对农业科技培训内容、目标和培训对象需求，在精准对接培训需求的基础上力求形式创新，增强服务效果。在传统集中培训、远程培训、"授课+实操"培训方式基础上，针对农村实用人才、农业领军人物、村级全科农技员、在编农技人员和新型职业农民等不同培训对象和不同需求，分类应用观摩学习、研修讨论、岗前测试、知识技能竞赛等不同形式开展培训，以满足不同培训目标的需求，达到最佳的培训效果。

（4）建立畅通有效的培训体系。努力构建和畅通农民培训的组织体系，使培训能够顺畅执行和落地，精准对接到农业生产需求。建立和畅通培训信息传导渠道，一方面依托政府组织架构，在利用政府政务管理体系层层传递培训信息的基础上，延伸信息链条，把合作组织成员、基地骨干、科技示范户等纳入村级以下培训信息传播的体系中，促进培训信息顺利到达农户；另一方面利用报纸等公共媒体的宣传作用，实现培训信息在郊区的传导覆盖。通过《北京日报》在北京郊区所有镇村全覆盖的优势，建立合作，提前1周进行培训事先预告，向非特异培训需求群体发出培训邀约，促进他们了解培训内容，推进积极参加培训。在培训组织实施体系建设方面，重点依托现有的政府农业农村和科技部门工作体系，尤其是农业科技推广体系，建立了市、区、乡镇和村共同参与的新型职业农民科技培训组织实施体系。把市、区、镇三级政府农业科技职能部门的工作人员，作为科技培训的组织者和参与者，依靠他们组织和推动科技培训。在镇村以下，则重点依托当地农民合作组织、农业园区、生产基地以及全科农技员、科技示范户等主体和群体，帮助进行培训人员组织和培训落实。这样，使培训在实施操作上有组织依托，能够直接落地对接农村基层，落实到每个需求对象，对接上实际需求。

（5）执行规范标准的培训过程。在培训过程上，一方面，在培训操作上，执行规范的培训程序，使培训正规化。提升农民培训质量的外在要求，制作发放内容翔实、形式标准的培训资料。改变过去培训大都没有配套资料、农民"听天书"的做法，将培训内容制作成标准的讲义进行发放，同时，配套培训手册、人员名册、培训笔记本以及技术手册、技术光盘、宣传资料等，使新型职业农民培训在形式上走向规范。培训中服务人员按程序服务培训过程，规范操作培训资料申领、培训签到以及培训实施过程，推进培训服务操作标准化，提升培训对象的整体感受。另一方面，明确教学环节的标准量化操作。培训前根据学员的需求，充分与培训导师沟通研讨，把培训内容划分为明确的知识点和教学环节，明确教学阶段性步骤和量化要求，形成量化的教学方案，要求培训老师按照教学方案量化实施，规范教学程序。执行中导师按照教学环节及量化要求操作，做到不重复、不遗漏、不留死角。教学过程根据需求还针对性地设置答疑解惑环节，帮助学员及时消化理解培训内容，提高培训的效果和质量。

4. 反馈效果提升

培训效果反馈总结是培训后的一个重要收尾环节。通过反馈效果，进行总结分析，对一定时期内的培训工作加以回顾、分析和研究，肯定成绩，得出经验，发现问题，找到问题和不足，吸取教训，有助于进一步探索培训工作的发展规律，调整和指导下一阶段工作。在此阶段，针对性地实施培训效果调查和评价，对前期培训工作的成效进行检验非常必要，同时，注重培训方法、培训模式以及培训工作创新等方面的探索和总结，评价工作成绩和不足，作用明显。

在实践操作中，设计、发放和回收培训效果调查表是进行培训效果调查的主要形式，能够定性或定量评价培训效果。针对普通的单期科技培训，一般设计发放较为简单的调查表即可，分析培训掌握了哪些技术、培训需求满足与否、培训满意度如何等内容，即可定性评价培训效果；对培训时间跨度长，对象范围广、培训内容多的培训项目，则需要根据培训目标要求，系统设计培训评估指标，进行系统定量的培训效果调查评估，形成系统完善的调查报告。这样，有助于探索影响培训的因素，总结培训效果，挖掘培训新需求，为下一步推进培训拓展深入，提供新的思路、方法和内容。

充分利用信息化技术手段，跟踪分析培训效果。在北京农业信息网、北京长城网等平台设置网上课堂，供学员在线学习和反馈；提供 12396 热线微信、QQ 群、微博、手机 App 等培训后的线上服务支持途径，为基层新型职业农民培训对象做好后续需求的反馈和支撑。这些平台提供线上学习通道的同时，通过技术手段跟踪和挖掘，分析学员学习行为和学习重点，为进一步培训提供数据支持。

第三节　新型职业农民科技培训"北京模式"运行关键点

新型职业农民科技培训的运行，涉及多种因素组合，各种因素相互联系、相互作用。新型职业农民科技培训"北京模式"

运行关键点包括以下方面。

一、培训需求调研

需求是新型职业农民科技培训的基础动力，开展需求调研、掌握培训用户需求是培训开展的基础前提。由于农民培训教育与传统的学校教育在培养目标上有所不同，从而使它们在培训内容、教学手段、培训方法等方面有所差异。开展需求调研，就是要掌握农民培训的具体需求，不仅包括技术需求的内容、需求规模等培训内容主体，还要考虑培训对象的特殊性，调研参加培训的对象偏好等影响因素，如对农民进行培训，要考虑他们对培训地点远近、教学地点选择、培训时间长短等要求，需要针对性进行应对，让培训对象认可和接受。否则，就会因为这些偏好因素的影响，导致培训对象参与度不高，培训效果不理想等。新型职业农民科技培训需求调研的模式，如图2-2所示。

调研过程大致分为4步。第一步，调研团队人员通过现场考察、访谈、问卷调查等形式进行需求调研，掌握对象关于培训的认识、想法、要求等，获得第一手资料。第二步，调研获取材料后，对调研资料从政府、用户和实施者等不同角度进行分析总结，对结果进行需求判断，判断培训的意义和可行性。如果分析认为培训意义足够、可行性充分，即接纳该项需求；若发现意义不足、可行性不充分，则不接纳该项需求，可返回重新启动调研过程，进一步挖掘需求。第三步，需求落实，即对已经接纳的需求，明确其对象、内容、规模等具体需求内容，进一步推进。第四步，需求应对，对已明确的需求内容进行具体的应对，落实形成具体的培训项目。包括培训对象如何选取，培训内容确定哪些具体知识和技术，如何进行培训操作以及培训范围是否拓展等。

新型职业农民科技培训"北京模式"把需求调研作为推进培训的基础要务，建立了一支功能较为完备的培训需求调研人员

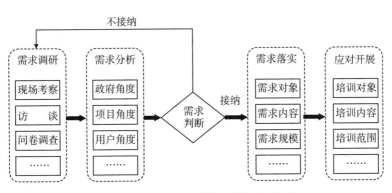

图2-2 新型职业农民科技培训需求调研模式

队伍，由专业的调研设计人员、调查执行人员和数据分析人员等组成。他们对内衔接培训策划管理团队，对外联结京郊镇村和广大培训对象，经常深入基层调研发掘培训需求。同时，借助政府工作联系，与北京市相关农民培育主管职能部门对接，掌握政策需求及发展趋势，引导和推进培训走向深入。利用自身农业科研院所创新优势，把培训与农业科技成果转化紧密结合，力求培训上游对接政府需求，中游对接科技转化和产业发展需求，下游对接农业产业发展以及农技推广体系和农民需求，搭建连接顺畅的培训供需对接机制。

二、服务队伍建设

培训服务队伍建设是确保新型职业农民科技培训服务体系持续运行的人力基础。新型职业农民科技培训团队具有典型的结构化特征，由培训指导教师（专家）团队、培训管理团队（含技术支撑团队）、实施服务团队等团队和人员组成。其中，教师（专家）团队是培训基础资源，应当进行持续积累建设；管理团队除管理人员外，还包括相关平台技术支撑人员，能够为培训提供技术研发支持；实施服务团队除培训调研人员、组织服务人员外，还应包括基层负责组织培训对象的服务人员等。

精良的新型农民科技培训指导教师（专家）团队是培训实施的人力资源条件，在科技培训实施过程中发挥着影响培训效果的关键作用。他们是传播农业科技知识的主体，同时，又是培训教学的具体实施者，其教学能力、教学风格和教学现场发挥直接影响培训参与者的感受，对培训成效影响巨大。

在培训服务团队组建过程中，培训管理团队是首要的，他们是推动培训实施的主要动力，其中，策划人员在培训内容策划和推动中起到了最重要的主导作用。技术支撑人员不可或缺，因为科技培训需要有配套培训服务平台，支持培训对象在线学习，通过线上、线下配合的方式共同推进，培训效果才能事半功倍。服务团队负责培训执行。其中，组织服务人员负责联系落实培训组织，调研人员负责培训效果调查和需求挖掘。此外，除了培训组织方自身的服务人员外，服务团队还应吸纳基层负责落实对接培训对象的镇村科技人员和培训对象中的骨干人员，如村级全科农技员、农企技工、合作组织成员、种养大户和科技示范户等。只有他们充分参与，才能把培训对象有效组织起来，及时参与到科技培训中去。新型职业农民农业科技培训团队构成，如图2-3所示。

新型职业农民科技培训"北京模式"建设形成了一支以农业科技培训策划人员、组织管理人员、培训导师（专家）、技术支撑人员和培训服务人员为核心的培训团队，同时，借助政府职能部门队伍，外联基层农技推广人员、基层农业信息服务站点以及村镇农技员等基层科技服务队伍，构建形成垂直化农业科技培训组织管理服务体系，分别承担新型职业农民科技培训的策划、组织、推进和服务，把农业科技培训源源不断地输送到基层需求

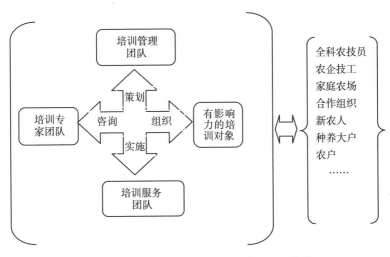

图 2-3　新型职业农民农业科技培训团队构成

对象群体和农民受众手中。培训基于稳定高效的团队实施推进，借助与基层农业科技推广队伍的业务结合，锁定有影响力的培训对象，包括全科农技员、农企技工、家庭农场主、合作组织成员等新型职业农民代表，进而扩大到广大普通农户开展培训，搭建起良好的自上而下开展精准科技培训、同时积极反馈科技需求的良好系统运行格局。

三、培训制度建设

培训制度建设是确保新型职业农民科技培训体系持续有效运行的内部机制保障。培训制度涉及科技培训资源建设、培训实施过程和培训对象管理及培训后效果调查与反馈等多个环节，管理内容包括培训资源管理、培训组织管理、培训过程管理、培训安全管理等多个方面。其中，培训资源建设管理制度的主要目标是加强培训科技资源的积累、开发和利用，确保科技培训资源组织管理质量与效率；培训组织管理制度主要包括培训项目管理、培训登记管理以及培训师资管理等培训组织实施方面的相关制度；培训过程管理包括培训过程所有档案管理等，主要目的是积累培训对象、记录培训工作、总结培训效果，以推进培训持续发展。此外，过程管理还涉及制定执行培训规范，确保培训安全的保障制度等，通过制度体系建设，确保培训在制度框架下顺利运行。新型职业农民科技培训制度体系构成，如图2-4所示。

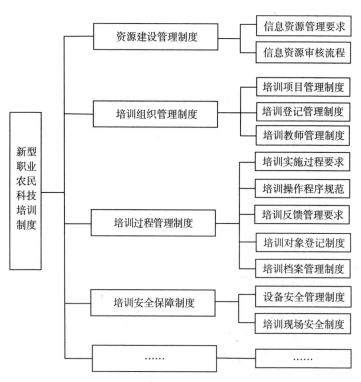

图2-4 新型职业农民科技培训制度体系构成

新型职业农民科技培训"北京模式"探索以制度化保障培训规范化实施。通过制度规范培训资源管理，规范资源制作流程，提升资源质量；通过专家管理制度，保障和规范培训专家团队建设；通过培训过程管理制度的执行，加强教学质量控制管理，保证培训效果；通过执行有效安全制度，保障培训的安全操作，让培训始终处于安全可控的状态中。这样，就形成了一套高效的农民科技培训制度保障体系。

四、政策环境借力

新型职业农民科技培训是涉及农业农村发展的基础性工作之一，关系到整个国民科技素质的提升，需要营造有利的政策环境。从政策覆盖面和控制力方面分析，政策环境至少包括国家、省区市政府和县及县以下政府职能部门3个层面。国家层面需要从政策方向上加以规划，保证整体发展方向；省市各级政府层面，需要制定具体的规范工作文件和保障措施，给予具体支持和落实，如在政府工作中列入具体日程等。在县级以下政府职能部门层面，则需要在具体的工作计划方面给予保障，如在项目和资金层面作出具体安排，使培训工作在良好的政策环境中得以推进。新型职业农民科技培训政策保障，如图2-5所示。

新型职业农民科技培训"北京模式"把借力政策支持作为工作推进的重要支撑点，积极与北京市政府农业、农民培育主管部门对接，借力推进工作。一方面积极开展农业农村发展及政策需求调研，为政府农民培育制度设计做好基础支撑；另一方面主动承担农民培训工作任务，开展培训实践探索，为全市工作探索路径、积累经验。在政策环境上，为落实中央提出的乡村振兴战略，北京市率先落实出台了《关于实施乡村振兴战略的措施》，对全市农村发展做出新部署，提

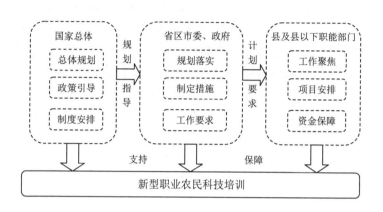

图 2-5　新型职业农民科技培训政策保障

出发挥农民乡村振兴的主体作用，广泛动员其参与乡村振兴，为乡村振兴注入新动力。北京市农业农村局、北京市科学技术委员会等相关职能部门持续聚焦农民培育，从政策导向、项目安排和资金扶持上全面支持农民培训工作。北京市农业农村局专门安排实施"新型职业农民培育"项目，促进新型职业农民培育培训持续落实，全市新型职业农民培训始终处于良好的政策环境中推进。

五、完善组织体系

新型职业农民科技培训涉及面广，需要培训组织者、参与实施者、培训对象等多方参与。由于农民组织化程度低，在具体工作操作过程中，需要面对和解决诸多实际困难和问题。因此，如何建立完善的农民培训组织体系，始终是影响其发展的一个重要问题。建立完善的农民培训组织体系，第一，需建立培训管理和信息传导体系。当前可以借助政府已经建立的农业技术推广体系和工作机制，传递培训信息，把相关职能部门人员作为培训管理的节点吸纳参与到培训组织管理中。第二，需在镇村以下找到能够联系培训对象的、强有力的培训支撑人员，作为培训现场组织者和信息传导员、宣传员。第三，需要把农民组织起来，形成能够统一行动的群体。农民合作组织是比较好的方式，农民专业协会，龙头企业等，在一定程度上也可以作为农民组织化的方式。这样，才能形成从上至下的农民培训组织体系，确保农民培训顺利进行和达到成效（图2-6）。

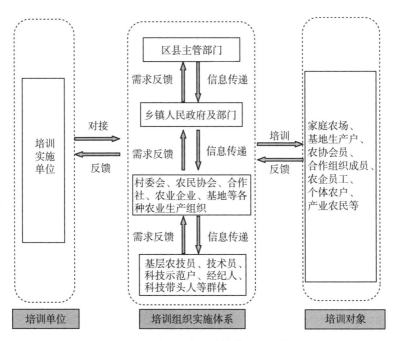

图2-6　新型职业农民科技培训组织体系

新型职业农民科技培训"北京模式"借助政府工作体系搭

建自身的培训组织体系。利用政府"市—区—镇—村"行政框架，搭建培训工作组织和信息传导体系。借助政府农业科技推广体系"市—区—镇"三级组织搭建农民培训组织体系的基础上，在镇村以下，借助北京市建设的村级全科农技员群体，构建农民培训组织网底，直达培训对象，形成了"市—区—镇—村"层层传导的农民培训组织体系。该体系承担了信息传递和培训组织的双重职责，确保培训信息和培训工作安排层层下达到基层培训对象。此外，利用信息化手段，搭建了信息传导通道。如利用现代媒体工具建立农民培训专业微信群，把"市—区—镇—村"培训组织人员以及培训对象均纳入其中，使培训对象能够适时接收培训信息，同时，也把微信群作为信息反馈终端，依靠各级培训对象，及时掌握需求动向，为组织培训提供需求基础和实践依据。

六、做好培训保障

新型职业农民科技培训的保障是指为培训实施提供的必要支持条件。这些支持条件看似与培训内容关系不大，但实际上却可能成为决定培训成功与否的重要条件之一。任何一个环节出现疏忽和过失，就会招致培训进展不畅，诱发培训对象出现失望情绪，对培训丧失信心。培训保障在操作中包括以下 3 个方面。一是培训设施设备保障，如培训场地、桌椅设施、培训音像设备等；二是培训用具材料保障，如培训资料、必要的培训用笔、记录本等；三是培训现场的服务保障，以保障培训对象的基本需求，如饮水、如厕等。一些农业技能培训需要在田间地头进行，做好培训地的选择，保障交通便利、现场维护及安全等，也是培训服务保障应当做好的工作范围。做好培训服务保障，一方面要求培训方案策划周密细致；另一方面要求培训实施和执行过程精准到位，两者缺一不可（图 2-7）。

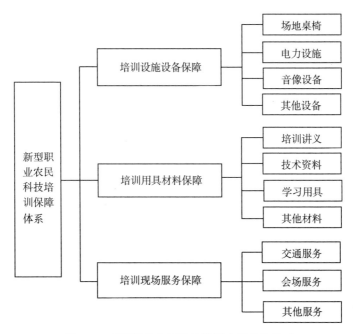

图 2-7 新型职业农民科技培训支撑保障体系

新型职业农民科技培训"北京模式"支持保障方面，根据培训需求制定了一套可行的操作指南和细化要求。在实际操作中，培训提前做好应对预案，对培训过程中可能出现问题提前考虑，及早与培训地的组织人员沟通，分项落实保障内容，保证及时落实到位，使培训顺利进行。设施设备保障方面，提前落实场地容纳能力、座椅设施、电力设备、影像设备等具体情况，发现问题及时解决。对当地无法解决的专业培训设备，如电脑、投影、扩音器、音箱等，由培训组织人员自带自备解决。为培训对象提供配套培训用具和材料，包括培训讲义、技术资料，如技术宣传纸、明白纸等；准备培训笔记本、笔以及其他培训辅助材料，让培训对象能够"不拎包也培训"。现场服务方面，针对培训对象的基本需求，如停车、饮水、如厕等，提前沟通举办地协调解决。实操培训和观摩培训的田间地头及观摩园区、基地等，提前考察交通、安全等事项，尽量为培训对象提供便利，让培训能够应对不同环境条件得以顺利实施。

第三章 新型职业农民科技培训开展

第一节 应时应季培训

一、应时应季培训背景和需求

1. 村级全科农技员队伍建设实施

近年来，我国已经进入由传统农业向现代农业转变的关键时期，农业的生产方式、经营方式、管理方式和技术服务方式都随之转变，由此导致传统农业科技推广体系的弊端逐渐显现。为完善市、区县、乡镇以及村农业科技推广服务快速对接联动机制，解决科技推广"最后一公里"问题，北京市 2010 年印发了《北京市村级全科农技员队伍建设工作实施方案》，按照都市型现代农业产业发展需求，在主导产业行政村，建设村级农业综合服务站点，每个村级服务站点选聘一名全科农技员，上联专家团队、下联产业农户，以村为单元开展"全科医生"式服务。2013 年设立的全科农技员岗位已达 2 831 个，他们分布在 10 个区县、143 个乡镇，实现北京市农业主导产业村"全覆盖"。村级全科农技员队伍的建立，完善了市、区、乡镇和村四级农技推广服务体系，加强了基层农技推广服务力量，基本解决了农技推广服务的"最后一公里"问题。村级全科农技员扎根生产一线，服务广大农民，畅通了农业技术推广和科技信息服务的渠道，成为推广农业新技术的桥头堡、指导农民创业就业的贴心人、推动农业

"调转节"的排头兵,为北京都市型现代农业创新驱动发展提供了保障。

2. 村级全科农技员素质能力需要提升

村级全科农技员来自不同的生产前沿,专业基础差别较大,服务能力也千差万别。据调查,大多村级全科农技员从事农业生产的时间达 10 年以上,具有丰富的生产经验,有较强的乡土知识,并能利用所拥有的生产技能为农户服务。文化程度主要集中于初中和高中,大专及以上文化程度的全科农技员所占的比重不高。全科农技员自身认为掌握的技能还没有达到"全科"要求,希望能解决他们知识面狭窄、自身专业技术不够、实践经验缺乏的短板,以便更好地服务社会。有的全科农技员反映自己是养殖户,缺乏种植方面的知识,希望在种植方面得到培训。有的全科农技员认为自己掌握的农业技术传统且有限,希望增加现代技术方面的培训。还有的想在经营管理方面得到培训。由于现有全科农技员知识的短板,难以满足农民多元化、个性化的需求。因此,如何对全科农技员进行知识和技术能力培训,促进素质能力进一步提升,更好地发挥辐射带动作用,推动解决科技进村入户"最后一公里"的问题,满足农民科技需求,具有重要的意义与作用。

3. 全科农技员需要应时应季开展培训

在调查中发现,全科农技员不仅想通过授课的方式获取知识,更希望能够通过实操指导提升动手能力,或参加观摩学习开阔眼界。而且来自不同乡镇的全科农技员服务的产业有所差异,对接的具体需求又不尽相同,不同农时需要及时解决遇到的生产问题,对全科农技员的全面素质提升要求更高。针对全科农技员存在的需求和问题,北京市农林科学院农业信息与经济研究所(以下简称"信息所")在摸清和探明全科农技员需要何种类型、何种方式的培训,以及目前培训和培训需求的差距情况下,创新提出了开展应时应季培训方法。

应时应季培训，主体思路是应时、应季、应需。在应时应季方面，在不同季节，关键农时，对预防和解决农业生产中出现的问题开展培训。在应需方面，一方面，要解决以往一期培训管一年的做法，随时有需求随时开展培训，需求什么内容就讲什么内容，哪里需要培训就到哪里培训；另一方面，在面对自然灾害和突发事件时，及时响应、及时组织培训，以及提供解决方案，提高科学预防和科学应对的能力。在培训组织方面，充分发挥农业科研院所专家和资源优势，以及郊区县人员组织、场地协调等的优势，采取院区合作的模式，合作共赢。在开展培训时，改变集中上大课的传统形式，采取以镇为单元，小班授课，改变填鸭式的培训方式，注重采用互动式、参与式方法，以理论授课与实操指导相结合的方式，促进农业技术的学习与掌握。为保障培训应时应季应需，培训开展前细化需求，认真调研，每周根据各乡镇开展的需求摸底，制订具体的培训方案，坚持"四不定"原则："不规定"即根据农时需求约定培训时间；"不固定"即根据培训需要商定培训地点；"不指定"即根据需求热点选定培训内容和专家；"不限定"即根据内容需要决定培训形式。应时应季培训对提升全科农技员的知识水平、实际生产过程中解决问题的能力以及动手操作能力具有重要的支撑作用，有效满足全科农技员的需求。

二、应时应季培训主要特色

1. 确定以乡镇为培训单元

为确保培训具有针对性、时效性，确保培训需求能够及时满足，确定了以乡镇为培训单元的小班授课。由于各镇农业主导产业不同，能够有利于收集到该镇一段时间的集中需求，通过组织培训及时解决生产中的问题。以镇为单元的小班授课，专家能够注意到每个学员的差异，有助于因材施教；另外，小班授课还有利于实操方式的开展，学员可以充分发挥能动性，促进知识的掌握和技能的提升。

2. 构建及时反馈当季需求的对接机制

为培训工作顺利开展，针对应时应季需求，信息所进行了细致的分工，建立了顺畅的信息对接机制。一是强化信息所与区、镇、村农业主管部门的联系。为第一时间了解产业发展及全科农技员需求、解决培训中的问题奠定基础。二是建立培训对接人联系制度。明确每个乡镇的具体对接联系人和对接方式，每周通过对接联系人收集培训需求，为根据需求迅速反应，及时制订培训方案，组织开展相关培训提供有效的方式。三是建立随时沟通机制。全科农技员的需求可直接通过 12396 热线微信、QQ 群、电话等多渠道方式及时反馈，有利于培训针对性开展和问题及时解决。四是建立培训后专家与农技员对接机制。一方面，农技员可通过 12396 热线多渠道方式与专家整体对接，直接联系专家解决问题；另一方面，根据乡镇产业与全科农技员专业不同，促进相关专业专家与全科农技员建立一对一对接及开展实地技术服务，进一步提升培训质量。

3. 根据需求，联系相关专家

专家是保障科技培训质量的重要因素之一。为确保培训的顺利实施，满足全科农技员多方面的培训需求，解决农业生产实际问题，组建了一支依托 12396 热线团队专家以及北京市农林科学院、北京农学院、北京农业职业学院等专家组成的团队。培训中授课专家均长期从事研究、教学与实践，具有高级职称，专业覆盖面广、理论与实践经验丰富，是培训顺利实施的智慧保障。针对全科农技员知识需求存在差异性，农技员急需要哪方面的知识，就安排哪方面的培训。如针对当地全科农技员在病害分类识别方面存在不足，专门邀请了从事蔬菜病虫害防治专家开展培训，从蔬菜病害的类型、病害级别以及如何进行分级等方面，进行了细致讲授。尤其是结合生产中常见的真菌性、细菌性和病毒性等不同浸染源引起的病害症状差异，用大量的图片向大家进行了讲解。针对7月后夏季蔬菜育苗问题，不仅在育苗技术理论上进行了指导，而且还专门进行了一次现场培训，效果良好。

4. 培训内容紧抓应时应季关键

为适时预防和解决农业生产中出现的问题，根据需求，在不同季节、关键农时，开展现场培训；同时，结合农时推广适用新品种新技术，助推产业增效。例如，1—2月是果树冬季管理关键时期，及时开展了果树冬剪技术实操指导。3月是早春果树病虫害防治关键期，重点安排了有果树的乡镇培训病虫害防治技术，并发放了果树病虫害防治历，深受欢迎。4—6月是蔬菜生产主要季节，根据农时安排，开展了育苗技术、病虫害防治、茄果类蔬菜整枝技术等不同主题不同形式的培训并进行了实操指导，培训在覆盖农时技术需求的同时兼顾了不同乡镇的产业特点，使全科农技员们对设施、露地蔬菜种植技术有了一个全面的认识，满足了蔬菜生产的技术需求。这种应时应季模式有效衔接了实际需求，切实提高了全科农技员指导生产服务产业发展的能力。

5. 培训形式注重实操技能提升

培训过程中设置专家与学员互动环节，通过一对一答疑解惑与手把手的指导，让培训学员及时消化培训内容，学有所获，不留培训知识死角。在做好课堂技术理论知识讲授的同时，重视积极开展田间实操培训，鼓励学习后实际应用，切实保证全科农技员学得会、记得牢、用得好，提高了应用先进技术和解决生产实际问题的能力。一是专家操作示范，农技员参与实践。例如，果树剪枝技术、茄果类蔬菜整枝技术等培训，专家在讲完操作要点后，亲自示范，之后尽量让全科农技员们亲自动手进行操作，在操作中学技术,掌握技能。二是组织到先进基地观摩学习,通过现场观摩,全科农技员开阔了视野,把课堂讲解的知识跟实际结合起来,增强了全科农技员对农业实用技术的感性和理性认识,最大限度地巩固了知识,掌握技能。

6. 培训过程发放材料提供辅助理解

注重培训配套资料服务。制作培训讲义、笔记本、防治历、技术光盘等配套资料,面向全科农技员进行发放。为提高全科农技员自学能力,在培训后可以复习所学到的知识和技术,在培训过程中为全科农技员发放了技术光盘、咨询通、《12396 北京新农村服务热线咨询问题选编》、《12396 北京新农村服务热线常见设施蔬菜技术问题选编》等材料及书籍,并教授了他们如何使用,为全科农技员自学提供资料辅助。

7. 鼓励典型学员带动提高培训实效

在培训中,信息所有意识进行培养,通过树立典型,鼓励他们直接说给他人听、做给他人看,变传统的以"空对空"的"言传"为主的培训为"实对实"的"身教"培训,引导其他农技员自觉向榜样看齐、努力学习,从而促进其更好地发挥全科农技员科技服务及科技示范辐射作用。学员典型不仅对学习科技非常重视,每次培训积极参加并认真记录,主动与专家互动交流,带头把学习的知识在村里应用,并指导其他农户生产。"现在科技发展多快啊,咱们可以不信天、不信地,但绝不能不信科技对生产的作用,只要有培训都必定参加,专家指导学到的都是精华,能够及时解决很多生产中的难题。"这是典型学员都有的一个心声。这些典型农技员的代表,不仅学习认真,而且能够学以致用,在生产中都能较好发挥作用,提高了培训的实效。

8. 培训后利用多渠道平台提供后续支持

建立了以 12396 北京农科热线平台为支撑,以农业专家为坚实的后盾,集成包括 QQ 群、微信、微博、手机 App、网络电话、专家在线答疑、双向视频、语音电话、网站9个现代信息服务通道，面向村级全科农技员利用信息技术新手段、新方式综合集成应用开展权威、便捷的远程科技信息服务，做到培训结束不停学，提高村级全科农技员获取农业信息和进行农业科技服务的能力。利用信息化服务平台作为专家现场培训的有力辅助手段，学员平时遇到的困难可通过多种咨询途径联系专家，及时解决。通过这种平台辅助模式，能够针对学员需求，在课下提供全面的技术支持与服务，是课后学习十分有效的工具。作为全科农技员，大家服务的是本村或周边的农户，当解决农户问题遇到困难时，全科农技员首先想到的便是12396北京农科热线服务平台。平台不但是他们培训后的自学的渠道，也是他们不可或缺的"农技咨询专家"。

9. 建立培训效果反馈机制

培训后及时开展效果反馈调查，通过调研问卷和随机采访的形式，掌握参训学员对培训组织工作、培训课程、培训形式以及培训需求等方面的情况反馈。并在阶段培训后，通过对农业主管部门的回访，了解培训实用技术具体应用情况。综合各方面的建议，进行自我评价和不断改进，进一步保障培训质量和提升培训效果。

三、应时应季培训案例

【案例1】通过全程技术指导，提高农民经济收入

针对北臧村镇西瓜产业开展了全产业链的培育，在充分调研需求的基础下，实施了产前、产中、产后的全程指导，发放了西瓜种子，在农时关键期，开展育苗技术、嫁接、西瓜管理技术、病虫害防治技术、采后品鉴和储存等方面的培训，并对培训进行了跟踪反馈，及时解决了西瓜生产中出现的生产问题，全面提升了生产管理技能，提高了西瓜产量和品质，提高了经济收入（图

3-1)。

图3-1 西瓜全程技术指导

【案例2】应对突发灾害，科学开展生产自救

2014年6月12日，北京市大兴遭遇雹灾，农田受损严重，正要出售的西瓜受到了毁灭式的灾害，很多露天西瓜被砸开，不少西瓜大棚倒地，棚子上的塑料膜出现破洞。12396北京农科热线团队及时组织专家，到现场开展生产自救培训，对农业保险理赔、产品加工、大田清理、茬口安排等方面进行了指导，及时提供了科学生产技术指导，有效减少了灾害带来的经济损失。2018年，北京市房山区发现非洲猪瘟疫情，12396北京农科热线团队，立即反应，在房山区组织了非洲猪瘟防范相关培训，培训了非洲猪瘟症状、发病情况、防范措施等，对进出车辆消毒、养殖场规范管理、养殖场准入机制等提出了建议，同时，解决了非洲猪瘟是哪里传来的、会传染给人吗、当前市场上的猪肉还能不能吃等大家关心的问题，及时传播了疫情的科学知识，为面对疫情进行科学防范，科学开展生产奠定了基础。

【案例3】针对产业需求，开展系列培训

大兴区是京郊重要的农业产区，有北京市菜篮子的美誉，也是京郊最大的设施农业产区。在大兴区全科农技员的需求基础上，结合当地的产业发展特点，围绕区域化农产品生产基地的产业特色进行开展系列培训，推动培训深入更有实效，促进产业提质增收。在大兴庞各庄镇，针对该镇梨、西瓜、蔬菜特色产业体系，开展了梨树冬剪技术培训；西瓜栽培管理技术指导、西瓜育苗及产后蔬菜茬口安排、西瓜特色营销方式；茄果类蔬菜栽培技术、叶菜类蔬菜栽培技术、安全用药、水肥一体化等一系列培训和技术指导。极大地促进了产业的发展。针对全科农技员发放的工具箱，举办了数码相机在农业领域的应用相关培训，指导了全科农技员利用现代信息手段服务农户，受到组织者和农技员的欢迎。

四、应时应季培训实施成效

1. 提升农技队伍素质

通过专家课堂，室内培训、田间操作、知识竞赛等多种方式，培训全科农技员、企业基地负责人、技术带头人等，开展应时应季培训 200 余场次，累计培训 10 000 余人次，辐射带动 50 000 人次，培训专业覆盖了蔬菜栽培管理、果树栽培管理、病虫害防治、畜禽养殖、疫病诊断与防治、土肥管理、配方施肥、农药安全使用、无公害蔬菜生产、绿色蔬菜生产、有机蔬菜生产、信息化资源、信息化手段、农产品营销、农村电商等农业与信息化技术，覆盖大兴蔬菜、粮食、果树、西甜瓜等农业主导产业。发放光盘、咨询通、防治历、书籍、使用手册、宣传折页、宣传袋等 40 000 多份，有效提升了农业从业者综合素质。通过推广多渠道服务方式应用，对村级全科农技员等农技推广人员给予积极帮扶，使农技员们掌握系统通道和应用技术，不仅拓展了他们的视野，而且让他们找到了寻找专家支持和科技资源的途径，有效提高了农技员的专业素质和服务能力，使其充分发挥辐射带动作用。采育镇全科农技员认为应时应季应需的培训，有针对性、目的性，使他们工作目标更加明确，收获也更大，充分发挥全科农技员的作用，用歌词表达出"让我们共同努力，把农业技术送到千家万户，跨过最后一公里"的心声。长子营镇全科农技员感慨：专家的技术和经验就是我们农业生产的活字典，他们几十年的研究成果不遗余力的教授给我们，为我们解决了多少农业技术难题啊，减少了多少遇到问题自己琢磨不透的麻烦，与专家们好好学习，农业技术水平一定会提高显著。

2. 发挥辐射带动作用

通过不断培训，全科农技员已成为种养业的"全科医生"，为农民排忧解难。每到生产的关键时期，全科农技员去了解村里的生产情况，帮助大家发现问题，组织大家共同分析问题，提出解决办法，为农民挽回损失。对自己不能解决的问题，能及时主动地与技术专家和指导员沟通，并把自己学到的知识和技术及时与村民分享。全科农技员的带头服务责任意识显著提高。在提升农业生产技术、落实惠农补贴、宣传食品安全等方面发挥着日益重要的作用，并配合农业科研院所开展研究，促进示范户优先采用新技术，调动生产积极性，带动农户们投入科技生产中来。采育全科农技员在专家重点指导下，引进番茄优良品种、应用先进生产技术和设备，成功抵御了冬春寒冷低温天气，越冬番茄实现了高产高效生产。当地农户在带动下种植越冬番茄，平均增收达20%以上。

3. 加速成果转化应用

科技培训作为成果转化的重要方法，直接将新品种、新技术推广到生产一线，很好地解决了农业科学研究与农业生产相脱节的问题。参加培训的全科农技员，除了接受传统的课堂授课，重点是通过现场观摩、现场教学、现场操作的培训方式，将最实用、高效的技术现场学会。不同形式的技术培训使农业实用技术"看得见、摸得着"，达到即学即用的目的，不但提高了全科农技员的认知程度，提升了科技素质、推广应用先进技术和解决生产实际问题的能力，更使科技成果得到快速转化应用。庞各庄镇农技员指导村民种植西瓜新品种 L600、京欣系列，应用"双幕覆盖提温技术"，亩增收近 8 000 元；魏善庄镇赵庄村农技员指导农户应用性诱芯新技术 1 000 亩，减少施药 2 次，虫果率减少15%，为农户节本增收 150 多万元。

第二节　科技下乡

一、科技下乡政策背景

"三下乡"即有关文化、科技、卫生方面的内容知识让农村知道，促进农村文化、科技、卫生的发展。大力开展文化、科技、卫生"三下乡"活动，是我们党全心全意为人民服务宗旨的具体体现。科技下乡是把科学技术提供给农村，以节省财力、物力、人力等来提高产量和质量，为农民服务，为新农村建设提供坚实的基础。科技下乡在中国有着特殊的地位，为推进新农村建设，促进农民增收发挥了积极作用。

"科技下乡"的官方文件的首次出台使得科技下乡有了政策保障。1996 年，关于"科技下乡"的首个官方文件正式出台，对相关事宜进行了总体部署，规定"三下乡"活动的主要任务涉及文化、科技和卫生 3 个部分。同时，该文件也阐明了"科技下乡"包括 3 项内容，即科技人员下乡、科技信息下乡和开展科普活动。正是这一文件的出台使得科技下乡活动具有了明确的政策保障，对应活动也如雨后春笋般应运而生。

党的十六大报告首次扭转城乡关系格局，使得"科技下乡"得到了前所未有的政策机遇。2002 年，党的十六大首次提出了"统筹城乡经济社会发展"的战略举措，把解决"三农"问题作为各项事业的重中之重。党的十六大闭幕之际，中宣部等十二部委联合作出决定并由中宣部发出《关于认真贯彻党的十六大精神深入扎实开展文化科技卫生"三下乡"活动的通知》，紧密联系党的十六大精神，内容明显比 1996 年的更加深刻、具体，尤其是出现了新的突破。第一，科技下乡范围更广。在"总体要求"中就提出了不但要普及科学技术知识，也要倡导先进文化，传播科学方法、思想及精神等，提高农民的素质，满足他们的生活需求和精神文化需求；第二，科技下乡更加注重实效。在"实施步骤"中规定了要增强"三下乡"活动的实际效果，倾听农民的呼声，力求解决农民的实际困难；第三，开始注意面与点的结合。关注西部、贫困地区和革命老区等，把这些地区作为"三下乡"的重点；第四，开始将科技下乡的长期性与持续性提上日程。在"实施步骤"中要求要将科技下乡制度化、经常化，达到常下乡、常在乡，真正在农村扎下根来；另外，还专门部署了大学生的"三下乡"活动。可见，这一文件引领了科技下乡的方向，开始从战略高度进行部署。

党的十七大报告和十八大报告都更加突出体现了"科技下乡"的重要而长久的地位。同时，国家还出台了一系列其他相关重要政策文件，都对科技下乡的新发展从不同角度起到了推进作用。如《国家中长期科学和技术发展规划纲要》把科技进步定位为解决"三农"问题的根本措施之一；《全民科学素质行动计划纲要》强调了农民的主体地位。这些文件目标的实现显然都与大力推进科技下乡有着重要的关系，都要求发展农业科技、向农村输入先进适用技术来促进农村经济的发展，将科技下乡进一步提上了战略高度。

二、科技下乡培训思路

在新农村建设与发展中，科技下乡是一个重要环节，推动农业科技应用，节省人力、物力，为民服务。信息所组织的科技下乡培训以"送政策、送科技、送信息、送服务"为主要内容，紧紧围绕农业农村现代化的总目标，聚焦打好脱贫攻坚战的优先任务，全面推进农业科技进村入户，积极开展农业实用新技术、新品种、新成果、新理念推广应用和实地指导，充分发挥科技下乡的示范效应，切实提升农业生产技术水平，提高农民科技意识和科技致富能力，推进农业农村现代化。

1. 建立标准化培训实施程序

一是组织管理到位。根据每项科技活动任务要求，在开展之前，从工作目标、实施方案、进度安排、组织保障等方面进行深入细致地安排部署，确保实施效果。在操作过程中，由专门工作人员全程跟踪服务过程，确保现场管理可控、时间进度可控、质量到位。全过程有序管理，为各项活动的顺利实施提供强有力的保障。二是活动宣传到位。注重做好送科技下乡活动的宣传工作。活动前，充分与服务对象进行沟通，促进提高对活动的认识，活动结束后，充分利用各种媒体和网站进行服务成效宣传，促进了送科技下乡工作影响力的提升。

2. 建立配套服务机制

一是开展经常性需求跟踪服务。依托部门项目实施，为服务对象提供科技帮扶，通过定点服务，掌握需求，针对性进行经常性、长期跟踪服务。二是搭建信息技术服务桥梁。利用12396多渠道咨询服务平台的微信、QQ群等互动渠道搭建信息技术服务桥梁，建立起专家与服务对象，工作人员与培训学员，学员与学员之间多向信息交流社区，随时为科技帮扶对象提供各类信息和服务。三是注重培训配套资料服务。在培训过程中发放种子等农资，书籍、服务手册等宣传材料以及专家的课程讲义资料等，帮助对讲解内容的消化吸收，继续发挥技术传播和指导作用。

3. 重视活动实效与创新

本着"实际、实用、实效"的原则，采取科技培训、科技服务、现场咨询、田间指导等多种形式，力求培训见成果、见实效。不断进行活动方式创新，极大提高了服务对象的参与积极性和主动性。推行专家授课和基地观摩结合、现场培训与远程培训结合、专业性培训与普及性培训结合，集中培训与巡回指导结合等培训方式。如在门头沟区骨干在编基层农技人员培训中，组织培训对象深入基地及温室田间等实践，让他们在实践中学习进步。通过实践使学员全面认识了蔬菜生产技术，为学习和技能提升夯实了专业基础。

三、科技下乡培训方式

1. 面向京郊农技人员开展送科技培训活动

针对京郊农业生产需求，开展送科技下乡活动，使科技培训常态化。面向农技人员、农业专业合作社负责人、科技园区技术人员、普通农户等开展农业科技培训和技术指导。一是开展现代农业技术提升培训。开展果树栽培管理技术、设施蔬菜栽培技术、病虫害防治技术、畜禽病免疫、现代农业信息化服务、农产品电商、共享经济、农产品品牌建设、微营销、创新创业等为主要内容的专业技术培训和实操指导，提升农技人员知识水平和技术能力。二是农产品质量安全知识培训。利用专题讲座的方式，为农民和广大农业生产经营主体讲解宣传农产品安全生产知识、培训农产品质量安全追溯系统建设应用，提高农产品质量安全水平，切实保障食品安全和消费安全。三是开展农业增产增效技术培训。针对产业特色，推动产业升级，开展系列增产增效培训。通州区西集镇是一个农业大镇，并拥有万亩樱桃园，在果树、蔬菜、大田种植等产业上具有强大的发展潜力，针对当地的农业发展特色，信息所开展相关技术培训现场操作示范，对提高该镇樱桃技术管理水平、设施蔬菜栽培技术和带动新品种和新技术在当地的应用推广，具有积极的意义。

2. 面向新型经营主体、个体农户开展送服务活动

根据农业企业、家庭农场、农业专业合作社等新型经营主体的规模化需求，开展送科技成果、送科技服务活动，解决他们生产当中遇到的科技问题。在花仙子万花园大量丰富花卉信息资源的基础上，利用人工智能技术研发农业智能咨询技术产品"花智人"，为游客提供人脸识别迎宾、花卉种植养护技术问答、种子产品在线购买支付、园区导览讲解、周边餐饮住宿导航、园区简介、游人互动娱乐等七大实用功能。为园区打造了可看、可玩、可学的独特景观，有效推动了园区向着现代农业智慧观光园方向发展。针对区域内具有生产代表性个体农户，开展"一对一"的科技问题解决，促进农户学科技、用科技，增收致富。

3. 面向农家女开展春风送暖活动

为关注和支持妇女就业和创业，促进妇女发展，在每年"三八妇女节"来临之际，通过"春风送暖农家女"科技下乡慰问活动，为农村妇女姐妹提供了重要的物质与技术支撑，科技助力农村妇女创新创业，促进妇女发展。抓准妇女姐妹的所需所想，先后为门头沟区的妇女姐妹送种子、送鸡苗、送书籍、送知识，组织妇女创新创业和"三农"发展技术培训，走进田间地头指导姐妹们种养殖技术，极大支持了门头沟区妇女创业，通过大力支持女性农业合作社发展，带动低收入妇女和周边困难家庭增收、实现妇女就近就业，取得良好成效。

4. 面向基地对接送科技服务活动

基于基地需求，充分与基地对接，开展送科技、送服务活动，助力当地发展。在大兴区贾尚精品果园，通过"理论+实操"的指导方式，进行果树技术指导，解决生产技术难题。为大兴区魏善庄镇基地、安定基地、门头沟基地、密云基地等提供通过"远程+现场"的信息服务,以基地为中心,开展培训和技术指导,提供语音咨询服务、手机 App、QQ 群、微信、网站在线答疑等多通道便捷的咨询服务。

5. 面向广大农民开展科技展示活动

紧紧围绕"科技活动周""科技大集""科技展会"等科技宣传活动,通过布设咨询展示台、现场讲演、发放宣传资料、赠送科技图书、专家授课、双向视频、互动游戏等形式,把科技惠农政策、科技帮扶技术、农业创新方法等进行宣传和推广,提高广大农民的科学文化水平,积极营造生机勃勃、富于创造、勇于进取的农村文化环境和浓厚的科技创新氛围。

四、科技下乡培训案例

【案例 1】通过科技展会,促进科技成果推广应用

通过参加科技大集、参展科技周、成果展等展会,将新品种、新技术、新产品、新理念提供给农民,促进科技成果推广应用。2013 年昌平区科技成果大集展示了 12396 新农村科技服务热线的功能和成效,向社区居民发放了"12396 热线"宣传袋、宣传材料等,拓展了热线服务面,取得了积极成效。自2012 年,连续多年参展北京科技周,充分展示了热线的自动语音、坐席电话、双向视频、微信平台、QQ 群平台等综合服务手段,受到参观者的广泛关注并赢得了一致好评。多家园区、专业合作组织代表主动到站台对接需求,希望能切身感受现代科技信息技术带来的便捷服务。亮相赤峰中国北方农业科技成果博览会、第 11 届东北 4 省畜牧业交流大会、杨凌农业高新成果博览会,展示热线成果,宣传现代农业技术和多渠道农业信息服务方式,对提供农业技术问答服务的智能机器人产品进行了集中展示,吸引了农业推广机构、园区企业、种养殖大户等众多参观人员驻足体验。

【案例2】春风送暖农家女，科技帮扶助力增收

与北京市妇联、北京市科委在门头沟区妙峰山镇大沟村联合举办"春风送暖农家女、科技帮扶大沟村"科技下乡服务活动，活动中赠送了食药两用蔬菜种子，发放了"12396 热线"宣传材料、图书和服务产品。并聘请"12396 热线"樱桃专家到该村樱桃园实地向果农讲解了樱桃树形管理及高产栽培技术，促进了农民科技素质的提升。之后，进一步通过电话访谈、实地考察等方式，对大沟村的农业主导产业情况、技术需求情况及信息化服务设备情况等主要科技需求进行深入调研。针对需求，帮扶引进 2个樱桃早熟品种，春天嫁接后成活率在 80% 左右。帮扶引进了一些苹果、梨、桃等果树新品种，推动新品种的应用和推广。同时，为解决大沟村果品销售难的问题，在北京农业信息网发布了京白梨的产品展示信息。并着手将其他农产品如樱桃、香椿等入驻"智农宝"电商平台，为该村果品销售提供帮助。通过专家对接、新品种新技术引进、农产品宣传销售等方式，促进农业科技能力提升，促进节本增收。

【案例3】走进田间地头，促进科技能力提升

为满足农民与用户的技术需求，12396 热线开展技术培训现场指导，包括果树管理、蔬菜管理、病虫害防治、动物免疫、畜禽养殖及常见病诊断防治等专业基础知识和专业技术培训。12396 北京新农村科技服务热线专家分别到昌平、大兴、密云、顺义、通州等地进行了果树管理和病虫害防治方面的技术培训，使农户掌握了果树栽培管理、冬剪技术、病虫害防治等技术的要领，并用于生产实际中，取得了很大实效。召开蔬菜病虫害防治技术培训会，邀请专家进行理论授课和现场指导，将技术与生产实际相结合，效果显著，农民们受益匪浅。开展的畜禽养殖的免疫理论和实际操作技术培训，现场对鸡分步骤进行了免疫操作示范，生动直观地传授了基本免疫理论。培训受到当地科技工作人

院和农户的热烈欢迎，提高了农业技术的掌握与应用，促进科技能力的进一步提升。

第三节　蹲点技术培训

为进一步探索培训方法、创新培训形式、提升科技培训效果，针对基层在编农技人员这一特殊群体，探索实施了蹲点技术培训。蹲点技术培训，就是借鉴以前农技人员驻点实习的做法，针对某一专项农业技术或知识，把基层骨干农技人员派送到专业的农业科研院所、实验室和生产一线，进行蹲点学习，近距离与专家老师接触，学习专业知识，进修专业技术，达到培育提升的目的。

一、实施背景和需求

1. 基层农业科技推广体系亟待完善

基层农业技术推广体系是设立在县、乡两级，为农民提供种植、养殖等科研成果和实用技术服务的组织体系，是实施科教兴农战略的重要载体。当前我国农业技术推广体系经过建立、改革和发展多个历史阶段后，尤其是改革开放和机构改革等因素的影响，造成了基层推广体系涣散、技术人员流失以及服务能力下降等问题。2015年以来，国务院出台了一系列关于加强和健全基层技术推广体系建设的政策文件，如《农业部办公厅关于做好基层农技推广体系改革与建设有关工作的通知》（农办科〔2017〕28号）。北京市随之进行落实，出台了《北京市基层农技推广体系改革与建设项目实施意见》等文件。在这种形势下，组织针对基层在编骨干技术推广人员的技术提升培训非常必要。

2. 基层农业技术人员知识技能存在短板

基层农业技术人员，一般具有一定的专业知识背景，掌握了一定的农业专业技能，具备了一定的农业科技服务能力，但是由于长期处于基层，专业继续教育存在盲点，因此，不可避免地在知识或技能方面存在短板。蹲点技术培训的出发点，就是针对他们存在的短板、不足进行补充和提升，使他们的知识和技能得到更新，素质得到全面提高。针对这一出发点，对他们不必进行系统化的农业知识教学，而应选择培训基于应用需求的专项农业专业知识或技能，对其能力提升的作用将更为显著。例如，针对其业务需求或培训目标，专门开展蔬菜、果树栽培管理和病虫害防治等种植技术，以及面向已应用的养殖技术等进行专项学习，可使其在短时间内实现相关技能的专业化提升和飞跃。

3. 人才能力提升途径需要创新发展

对基层农业技术人员进行培养是一项长期艰巨的任务。由于政府基层工作较为繁杂，一般情况下，他们的日常时间被大量的事务性工作所占用，没有时间和精力进行专业知识学习，加之基层软硬件环境条件的限制，其专业技术继续教育及能力提升的途径极其有限。20 世纪 70—80 年代，基层农业科技人员到农业高等院校或科研院所进行进修一度作为培育农业技术专业人才的重要途径，效果十分显著。然而进入 21 世纪以后，受政府机构改革和社会环境变化的影响，现实中再难看到采用这种行之有效的方式进行人才技术培训。因此，在新形势下亟待创新人才培育方式方法，为基层科技人找到适合成长的可靠方式和有效途径。

二、解决思路和方法

鉴于基层农业技术人员存在专业技术学习提升方面的需求，亟待创新思路方法，利用一种既能够符合当前需求，又能够解决提升基层农业技术人员知识和技能短板的途径，让他们通过一定时期的培训，能够得到农业科技理论和专业技能的双向提升。在这种情况下，精选基层农技人员到科研院所进行蹲点进修，不失为一种好的选择。通过委托科研院所专业培训人员对选送的基层农业技术骨干进行专项知识和技能的蹲点技术培训，让他们到科研院所、实验室及基地一线学习是可行的。这种方法借鉴了过去进修学习的优点，操作更加灵活多变，可以作为一种针对基层科技人才培育的新方法、新途径。

（一）解决思路

1. 确定以问题为中心的目标

与一般农民科技培训不同，蹲点技术培训的目标是培训专业技能型人才，因此，以问题为中心的目标更加明确。这就要求在培训过程中，培训设计要充分针对培训对象需求，把提升其解决问题的能力作为主要目标，在课程组织上充分围绕这一目标定位开展，重点着眼于生产技术问题的分析解决。同时，课程的安排应当围绕解决问题层层展开，培养他们分析问题、解决问题的方法，提升针对性解决问题的能力，而不是系统学习农业专业理论知识、要求面面俱到。

2. 教学内容与农时相结合

在蹲点技术培训的教学过程中，应突出以需求为本，按照生产实际要求和农时的规律组织教学。如果教学内容与现实需求及农时相脱节，必然导致脱离生产实际，违背了蹲点技术培训的初衷，直接会影响学员接受的积极性，进而影响培训效果。因此，蹲点技术培训教学应充分考虑教学内容与农时的结合，从生产中发现和解决问题。只有这样，才能在较短的时间内让农业技术人员学以致用，达到事半功倍的效果。

3. 乡土化与因材施教相结合

因材施教是指根据对象动机和兴趣爱好等个体差异施行不同的教学方法和确定相应的教学内容。乡土化是指在教学过程中，确定教学内容要依据本地自然资源和经济文化的特点与要求，使教学内容更适合于本地的实际需要。在组织蹲点技术培训中，强调因材施教和解决本土需求是非常必要的。只有因材施教，才能让技术骨干更好地发掘学习潜力，让能力弱者追赶上来，并不断增强他们学习的信心。

4. 直观性与切身性相结合

直观性原则要求在培训教学过程中通过观察具体事物，或通过各种媒介呈现的事物具体形象，或通过导师语言的形象描述，引导学员形成所学事物和过程的清晰表象，丰富他们的感性知识，使他们更好地理解和掌握知识技能。切身性是指受训者为达到自己的理想目标的切身感。直观性与切身性原则在培训中的作用是相辅相成的，两者缺一不可。只有将两者紧密结合，才能使培训对象变"要我学习"为"我要学习"，逐渐培养起独立学习、独立思考、独立工作的能力。

（二）解决方法

1. 选准培训对象

蹲点技术培训不同于一般农业科技培训，其对象具有特殊和适用性。一般针对具有一定农业科技知识和实践能力的毕业生、技术员或者基层农业技术推广人员这几类群体人员更为适用。

（1）应届农业院校毕业生。应届农业院校毕业生由于刚刚走上工作岗位，身份上处在从学生向农业科技工作人员转变的过程中，思想上还没有做好身份转变的应对，实践能力上存在明显短板和不足。对其进行蹲点技术培训，让他们走进农业科研实验室及生产一线，进行现场知识学习和实践锻炼，有助于他们更快地进入工作角色，转换工作思维，尽快成长成为基层合格的农业科技人才。

（2）基层农业技术推广人员。基层农业技术推广人员是农业科技推广体系的网底，对促进农业科技传播，推进农业科技成果转化意义重大。这部分技术人员长期接触政府基层工作，常被事务性的工作挤占了学习业务知识的时间，知识更新速度慢，学习机会少。对其进行蹲点技术培训，让他们走进课堂、实验室，拿出集中时间进行专业知识和专业技能的培训，有助于他们系统化补充自己的专业知识不足。

（3）全科农技员和农业技术员。对于这部分群体来说，对其从事的农业生产技术，其实践操作和动手能力往往很强，同时，他们在相关专业知识基础、技能系统化方面又存在严重短缺。通过蹲点技术培训，把他们派送到科研院所或大专院校，让他们近距离接触农业专业教学或科研，对其系统地进行农业专业知识的培训，有助于其长知识、补短板，拓展专业视野，促进其成长，使其能够在更高层次和更大范围发挥作用。

2. 选对培训方式

根据不同的培训对象和需求，蹲点技术培训采取的教学培训方式可能有所不同。总体上说，蹲点技术培训的内容包括理论培训和操作技能培养 2 个方面。在具体培训实施上，根据需求的不同，理论培训的方式有不同选择。可以是课堂的集中理论培训，也可以是在田间的引导式理论教学。操作技能培养方面，为使培训对象更透彻地理解和掌握技能内容，培训可以在实验室、基地及田间地头等不同地点举行。培训方式可以选择导师示范、学员试验或手把手的技术传授，也可以选择让学员之间的进行技术比拼、技术交流，互相借鉴学习。

3. 抓住培训关键点

与一般的农民科技培训形式相比，蹲点技术培训在培训目标、培训对象和培训要求等方面都相对比较高，因此，培训实施过程中，应当更加注重过程控制，才能确保实施顺利，取得应有的成效。蹲点技术培训实施的关键点包括以下几方面。

（1）精选培训指导专家。由于蹲点技术培训的目标不仅包括理论的培训，而且更加注重实践能力的培养，因此，选择合适的指导专家对培训效果至关重要。一般需要根据培训目标需求，从备选专家资源库中进行遴选。遴选的原则是，专家既需要有扎实的理论功底，又需要有充足的实践经验，最好选择长期在基地从事实践指导的优秀驻点专家，这样才能保证培训能够针对培训目标和学员需求，达到应有的效果。

（2）精选蹲点技术培训基地。蹲点技术培训的基地选择上，根据教学目标的不同，可遴选具有对应条件的实验室或科技园区、生产基地等，供教学蹲点使用。首选具有操作条件的自有基地，包括具有自有产权、使用权的实验室和操作温室等，作为培训的主要阵地。除此之外，根据教学需要和导师联系基地的情况，适当补充适合开展蹲点技术培训的实操基地。这样，既能够满足理论教学的需求，又能够根据培训的不同阶段，方便组织学员到实地进行实践操作和技能实习。

（3）教学实践操作到位。由于蹲点技术培训对象和培训目标具有特殊性，因此，蹲点技术培训更加讲求培训效果。在培训过程中，尤其应加强前期需求调研，掌握学员的知识基础和技能基础，针对性地制订教学、实践计划，保证培训针对需求。培训中更应当严格执行计划，步步落实到位，不走过场，使培训达到预期目标。在培训过程中，组织者要及时与学员沟通，适时进行培训效果的反馈，对学员没有学到的知识、没掌握到的技能，要及时进行查遗补缺，确保专业学习不留死角。

4. 强化效果考核

蹲点技术培训的目标主要是为了针对性提升基层农业技术人员的专业知识和实践技能。为了保证培训效果，培训后应当组织考核和效果检验，确定培训是否达到了既定目标。考核可以通过记录学员平时表现加期末考评相结合的方式进行。具体操作上，可以参考大中专院校的毕业考评程序。例如，平时表现计基础分，期末考评采取笔试加答辩的方式等，结果加权计入综合考评成绩。通过考评，一方面督促学员学习，提高学习自觉性；另一方面可以检验和评价学员专业知识掌握的情况以及技能提高的程度，进行结论性认定，作为学员学成结业的依据。

三、蹲点技术培训的实践

2018 年 9 月至 2019 年 2 月，经与门头沟区政府合作，实施了该区基层骨干在编农技人员蔬菜全生育期关键技术蹲点培训。培训以骨干在编农技人员技术需求为导向，针对蔬菜产业发展需求，将蔬菜全生育期分为 12 个关键技术环节，以蹲点方式进行专业技术知识学习，筛选了 5 名骨干在编农技人员，组织到北京市农林科学院的专业所（中心）、实验室和生产一线进修学习。培训过程中共组织理论培训、观摩、体验和操作活动 20 次近 30 项内容，完成培训 108 学时，其中，田间观摩和实操环节各占50%。经过考核评定，5 名参训农技人员成绩全优，达到了使受训骨干在编农技员增长知识、学习技能、提升能力的目的。

1. 选定人员对象

培训学员由该区农业农村局农技人员管理部门统一选派，共5 名具有中高级农业专业技术职称的技术干部。其中，高级职称人员 1 名，中级职称人员 4 名，均是长期从事农业科技服务的一线技术骨干。

2. 确定目标内容

本培训的目标是针对筛选出来的 5 名基层在编农技人员，进行蔬菜全生育期 12 个关键技术环节的理论和田间实操培训，使他们全面掌握蔬菜生产的技术环节要求和操作技能，确保蔬菜生产关键技术环节全覆盖。通过专家全程"手把手"进行"个性化、定制化"指导，学员亲自动手操作，使他们熟练掌握蔬菜生产的生产流程、关键技术和生产操作，在蔬菜生产技术方面的知识水平和技能水平方面得到显著提升。

在培训内容上，将蔬菜全生育期按照不同的时期和阶段，分为播前准备、苗床准备、种子处理、育苗、出苗管理、分苗、嫁接、嫁接苗管理、移栽定植、田间管理、病虫害防治、适时采收等12个关键环节，进行分步理论培训，使他们系统掌握蔬菜栽培理论知识。在此基础上，体验亲手实践操作，培养和掌握蔬菜管理的全面技术能力。

此外，为了拓展学员们的视野，还组织他们参观蔬菜研究中心的蔬菜育种基地，安排草莓、西瓜等果品类蔬菜栽培技术学习，参加了叶菜机械化生产现场会等，拓展学员们对蔬菜生产的认识，提升了学习成效。

3. 周密策划实施

针对培训目标和内容，项目经过周密策划，制订了切实可行的实施计划，按计划进行组织，稳步推进实施。

一是精选培训指导专家。聘请具有丰富理论知识与实践经验的蔬菜栽培、植保、土肥等专家5人作为指导老师，包括叶菜栽培技术专家1人、果菜栽培技术专家1人、土肥专家1人、植保病害专家1人、植保虫害专家1人，对农技人员进行蔬菜方面的栽培技术各个环节技能的梳理和培训。

二是精选蹲点基地，推进实践技能培养。结合生产实践需求，筛选确定出符合条件，具有生产代表性的相关的实习、观摩基地7个，包括北京市农林科学院蔬菜研究中心实验室、北京市农林科学院试验示范温室以及大兴区、昌平区、顺义区的叶菜、果菜基地等，针对关键的12个蔬菜生产技术环节进行试验操作和田间实践，满足了开展蔬菜技术培训的教学操作场地需求。

三是周密计划安排，按计划推进实施。注重培训时间计划性，在项目实施时间内，按技术环节分阶段组织培训实施，时间以周为单位进行安排，理论培训一般安排为期1天，然后进行1~2天实践或观摩，保证每周计划翔实具体。在培训地点安排上，理论培训一般在室内培训教室进行，实践地点根据实际操作需求灵活安排。试验类操作，一般安排在蔬菜中心实验室或院温室进行；叶菜相关的实践，一般安排在叶菜基地进行，果菜类相关实践操作则安排在果菜生产基地操作。

4. 组织培训考核

为检验蹲点技术培训成果，在培训学习结束后组织了培训效果考评会。在考核形式上，考核以"平时表现+笔试+答辩"计入成绩的方式进行评定，分为优、良、合格、不合格4个等级。平时表现，由负责该培训的专家依据学员们平时参加培训过程的表现情况打分，占全部成绩的10%。笔试，由授课专家根据培训的蔬菜栽培技术环节内容集中出题，统一答卷，闭卷考试，占全部考核成绩的40%。专家答辩，学员以参加蹲点技术培训的收获为主题，以幻灯片形式进行汇报，含学习情况、主要收获和未来工作设想三部分，专家现场评判。结果占全部考核成绩的50%。

2019年1月23日，项目组织邀请授课专家，对参加培训的5名在编农技员进行培训结业考评。通过笔试答卷的理论测试后，组织进行了学习情况的专家答辩。经过考评，5名学员综合成绩均在90分以上，在考评中全部被评定为优秀，专家组向学员颁发了结业证书和"种菜新能手"的优秀学员证书（图3-2至图3-4）。

图 3-2 组织理论知识的闭卷笔试

图3-3　组织考核现场答辩学员们学知识、讲收获、回答专家质疑

图3-4　全体学员最终全优通过考评

四、蹲点技术培训的效果

1. 帮助培养本地技术专家团队

实践证明，蹲点技术培训通过学员脱产或半脱产走进科研院所的形式，对他们进行专业知识和技能培训，效果显著。通过培训，一是有助于基层农业技术人员补齐农业技术论知识短板，使

之在专业基础知识、专业技术和管理知识方面得到提升；二是通过在实践中学习逐步提升了专业实践操作技能；三是有助于促进增长见识，树立农业科技服务的信心。通过学习掌握技术的同时，拓展工作思路，为下一步工作奠定思想基础、理论基础和技能基础。

2. 探索本土技术人才培育路子

通过蹲点技术培训，让基层专业技术人员到科研院所、大专院校实地学习，听老师讲，到实地看，下到地头干，有效促进了人才的快速成长。通过专家老师的传帮带，学员们能够学习理论知识、技术知识，而且可以锻炼操作能力，提升技能水平。同时，通过这种途径，可以探索基层农业科技推广体系与市级科研院所、大专院校联合开展人才培训、培养的新路子，有效推进人才合作培养机制的形成，对探索农业科技人才培育新机制，具有积极意义。

3. 促进形成农技服务有效对接模式

蹲点技术培训的重要意义还在于，这种方式促进了基层农技人员、本土专家与市级行业专家的对接。基层本土专家处于技术推广的一线，承担着指导农户、服务农业生产的工作任务。遇到专业性很强的疑难问题，往往需要找各种门路解决。北京市很多专家都是知名的行业专家，通过培训让他们与这些行业专家建立充分联系，以后他们在指导生产遇到疑难问题时，能够通过这种联系寻求帮助，有效延伸了农技服务的专家链条。

4. 创新科技成果转化思路方法

通过蹲点技术培训的实施，促进了科研院所与基层农技推广部门建立紧密联系，加深了双方的技术交流。以此为基础，双方可以进一步加强合作，巩固建立科技成果推广通道，共同推进农业项目实施，尤其是可以通过联合推进的方式，促进农业科技成果示范应用，服务于生产，为推进农业科技成果转化提供了新的思路和途径。

第四节　低收入村科技帮扶培训

北京市作为中华人民共和国的首都，虽然没有贫困人口，但是还有一些低收入村，在北京市率先全面建成小康社会的进程中，这些地区的群众也不能掉队。为此，我们的培训工作也深入北京市低收入村户中。

一、培训实施背景

1. 实现脱低的目标要求

党的十八大会议提出，2020年我们将全面建成小康社会，党中央把贫困人口脱贫作为全面建成小康社会的底线任务和标志性指标。低收入农户增收和低收入村发展被列为北京市"十三五"期间"三农"工作的重点，北京市将坚决打赢脱贫攻坚战，确保到2020年现行标准下低收入农户如期实现脱低目标，全市低收入村全部摘掉低收入帽。

2. 彰显科技扶贫的责任

根据《中共北京市委　北京市人民政府关于进一步推进低收入农户增收及低收入村发展的意见》和北京市农业农村局的工作部署，北京市农林科学院在"科技惠农行动计划"的基础上出台了《关于开展低收入村户科技帮扶精准对接的工作方案》，以新型生产经营主体为依托，从"扶技、扶业、扶智"等方面实现科技培训与低收入村户精准对接，以彰显科技扶贫的责任。

3. 科技示范的长期需求

农业科技示范以辐射和推广为手段，以促进区域农业结构调整和产业升级为目标，最终促进农民增收。为积极贯彻落实北京农林科学院"科技惠农行动计划"的总体部署，信息所高度重视低收入村科技培训工作，以高度的热情和激情投入低收入村户增收的工作中，分别在门头沟区、大兴区、密云区、延庆区等10多个郊区展开低收入村户对接服务，并开展科技示范培训工作。

二、科技帮扶培训

针对低收入村的需求，为他们送政策、送技术、送产品，采取"一对一""点对点"形式开展精准信息帮扶，提高农业生产问题的解决效率；并且针对低收入村的农产品滞销、没有品牌、产品零散且上市不成熟问题，帮助他们进行品牌打造和包装升级，促进农产品推广与销售。

1. 开展科技培训

科技扶贫是打赢打好精准脱贫攻坚战的重要措施，也是贫困地区农业发展和产业开发的有效驱动。农业科研院所开展科技精准扶贫，帮助贫困地区精准脱贫，是新时代赋予农业科研院所的社会使命。要抓住生产中的重点环节，开展科技培训。通过积极扶智，促进低收入村、农户提高生产技术能力，提升产业水平，提升增收能力。

益农缘生态农业专业合作社位于北京市门头沟区雁翅镇青白口村，是信息所对接的重点科技示范基地。基地责任专家及团队一直以合作社及低收入户需求为导向，多次深入实地调研。针对需求，在苹果栽培管理、特菜栽培技术等方面进行了田间实操指导与培训，专家丰富的实践经验和深入浅出的讲解，解决了当地农户多年的困惑，深受欢迎。同时，发放"U农果树通"等信息化产品20余套，为合作社安装了农业科技咨询云服务终端机，指导他们通过远程多渠道信息服务方式，方便快捷的得到专家的指导。同时，以基地为中心，面向周边农户开展多通道信息服务，带动低收入户增收。通过科技帮扶促进了基地的辐射带动、产业引领，解决了低收入村户的农业技术问题，带动低收入户增收致富效果显著。

2. 夯实产业基础

产业是农民增收的基础，产业振兴是乡村振兴的物质基础，只有产业振兴，才能增强乡村吸引力，促进各类生产要素向乡村聚集。推进乡村振兴，就要打牢夯实产业振兴这个基础。

北京市密云区大城子镇聂家峪村经济基础薄弱，村内约有低质山地果园约 8 000 亩，种植业主要为栗子、梨、核桃等产业，果树均为传统品种，农业生产管理技术落后，产业单一，市场竞争能力不足。自 2017 年建立对接以来，信息所连续 3 年对该低收村进行科技帮扶培训工作。为充分发挥北京市农林科学院信息资源优势，促进科技信息帮扶产业发展，我们建立了一套"远程+现场"的多通道服务模式，利用手机 App、微信、QQ 群等多通道信息服务平台、信息化产品，专家随时、随地、随需解决他们的技术问题，开展农业科技信息方面的培训。

该村种植业以板栗、梨树为主，其中，板栗品种杂乱，且晚熟品种居多，梨树以传统的红肖梨为主。因果树树龄老化、销售价格低等因素，导致果园疏于管理，病虫害严重，产量低下。针对这些实际问题，组织农业专家实地考察，现场解决实际问题。我们先从改良果树品种下手，帮扶引进两个早熟板栗"燕山早丰"等品种，共赠送接穗 7 000 头。引进梨树"佛见喜"优良品种，赠送接穗 5 000 头。同时，开展一对一嫁接技术培训，建立起了板栗品种采穗圃、梨园采穗圃，提升了该村果树产业发展。并对村内林业资源丰富、适宜发展养蜂业的沟边地进行了设计，帮扶引进蜂箱 400 多箱，建成集中蜂场 10 亩，配套建设蜂粉源植物园，打造科普培训基地，既促进了蜂文化的传播，还带动了乡村旅游发展。通过指导建立果树优良品种"采穗圃"及"蜂情缘"科普基地，促进了产业结构调整，夯实了该村的产业基础，最终带动低收户增收致富。

3. 规划发展方向

针对低收入地区脱贫动力不足、信心不足问题，从低收入村的特色与优势特色产品入手，做好产业规划，为低收入村发展树立信心，找准发展道路，尽快脱贫增收。

针对延庆区大庄科乡董家沟村的实际情况，信息与经济所联合我院生物中心，依托发展油用型芍药、牡丹产业对董家沟村开展精准帮扶工作。专家亲临现场进行指导，进行油用芍药品种与栽培技术方面的培训，帮扶该村规模化种植发展油用芍药，逐步实现牡丹、油用芍药的品种搭配。同时，以美丽乡村建设与农民增收致富为核心，探索油用芍药、牡丹在产籽压榨食用油、观光、养蜂等全产业链的综合发展模式。通过对油用芍药种植、加工技术服务等方面的培训与规划，带动村民脱低致富。

4. 电商平台助力

由于低收入村产业基础落后，商品流通环节缺失严重，"农产品上行"是个难题。如何帮助农户把农产品销售出去，做好宣传，是亟待解决的问题。近年来，电子商务成为推动"互联网+"发展的重要力量，电商平台在助力农村地区发展，为农村提升经营效益提供了有效的解决方案。培训指导低收入村进行电商平台对接，指导他们进行品牌包装，帮助他们解决农产品滞销问题也是培训工作的主要任务。

老君堂村位于北京市昌平区十三陵镇西北部，是举世闻名的世界文化遗产。由于地处山区且受生态涵养保护，村内并无耕地，林地面积769.5亩，果树面积364.5亩，林下经济60亩，其中，主导产业为杂枣，成规模连片种植，存在果品产量大、收购价格低，无人采收，农民增收来源少的问题。根据这个情况，为该村拍摄了全景虚拟漫游展示图像，培训指导他们进行品牌包装打造，并采用"生产基地+深加工企业+电商"的帮扶模式，借助有关电子商务平台进行产品的销售、展示与宣传。通过提升老君堂村的社会关注度，发展民俗旅游，解决农产品销售问题等，促进低收入村经济效益提升，实现脱低致富。

三、主要成效

1. 帮助提升脱低信心

低收入村帮扶，重在扶志。科技帮扶，首先要立足当地，找到问题根源。根据问题找需求，找症结，是产业问题就发展产业，是科技问题，就解决科技供给，对症下药，使培训工作有的放矢。为此我们通过进村入户实地考察、现场座谈、电话访谈等多种方式进行深入调研，充分了解低收入村的主导产业及发展困难。从建档立卡、摸清贫困人口底数、实现动态调整，到突出产业扶贫、提高组织化程度、培育带动贫困人口脱贫的经济实体，核心是因地制宜、因人因户因村施策。俗话说，害什么病，开什么方；找准"穷根儿"，靶向治疗，大大提升了低收入户的脱低信心。

2. 形成科技帮扶模式

为提升低收入村户生产经营主体科技能力，促进科技成果转化利用，提高科技服务效率，形成了新的科技帮扶模式，即由单一专家服务到责任专家服务，由个人服务到团队服务，由单一领域技术服务到全方位提供服务的模式。每个低收入村或基地对接一个责任专家，责任专家针对基地需求，牵头组织一个服务专家团队开展科技服务工作，联络聘请种植、养殖、规划等各类专家协助培训，参与基地的年度生产计划等工作，从全局给基地做好科技服务。

3. 提升效益促进增收

对低收入村开展系列技术指导及培训，引进大量新品种、新技术、新成果，通过展示、示范、推广等科技服务，低收入家庭新增经济效益 5 万元/年。通过"电商帮扶"方式，从低收入村中选取山楂、核桃、杏等特色优质农产品，通过分级、加工、包装和品牌打造，利用商超、便利店、展销、线上商城、微商城等多种渠道进行销售，实现直接销售收入达 100 万元以上。通过推动低收入村农业信息化的发展，提升了村、合作社的知名度，给低收入村带来间接产业收入约 150 万元以上。

未来，还将积极应用多渠道信息服务手段，发挥专家资源优势，促进低收入村经济发展，为建设美丽乡村和乡村振兴注入科技力量。

第五节　新型职业农民高级研修培训

新型职业农民是指具有科学文化素质、掌握现代农业生产技能、具备一定经营管理能力，以农业生产、经营或服务作为主要职业，以农业收入作为主要生活来源，居住在农村或集镇的农业从业者。针对具有文化和技能基础的新型职业农民开展专业研修培训，对于培养一支有文化、懂技术、会经营的新型职业农民队伍，为现代农业发展提供人才支撑，不断增强农业农村发展活力方面具有重要的意义。

一、新型职业农民高级研修培训背景

1. 新型职业农民具有自我提升的职业需求

近年来一些青年人逐步加入新型职业农民队伍，尤其是农业园区和农场配有专门的技术员，这些人学历高、理论基础好，成为这支队伍的新鲜血液。据调查，北京市全科农技员在选聘过程中逐步优化了队伍结构，很多"70 后""80 后"甚至"90 后"纷纷加入。新型职业农民对于自身的提升发展有着更高的追求，希望在工作的过程中补充新知识、新技术并将其应用于农业技术

推广，通过进一步提升自身专业素养，取得相应的资质或职称晋升方面的认可。

2. 农业产业发展需要系统培养专业人才

新型职业农民在农业生产的产前、产中、产后各个环节中发挥出越来越重要的作用，已成为政府农技推广体系的有力补充。但随着都市型现代农业发展和农业生产优化的升级，农业新技术新理念不断更新，新型职业农民对于最新的农业政策、农业技术、农业品种等方面的知识需要及时学习。因此，需要组织开展系统全面的农业知识研修，培养专业人才，从而为进一步提升队伍素质与推广能力，提升其辐射带动能力和解决关键农时季节生产难题能力，帮助当地产业效益提升，助力农民增收提供支撑。

3. 新型职业农民培训的精准性有待提升

新型职业农民是农业高质量发展的参与者和实践者，对他们进行相应的培训至关重要。在新型职业农民培训方面，国家出台了支持政策，取得了一定的成效，但新型职业农民培训的精准性有待提升。新型职业农民个体异质性、自我期望值以及生产农作物的差异化，对培训的需求和培训的适应性不同。因此，需要以高级研修形式开展培训，从而提高新型职业农民培训的质量，满足农业高质量发展的需要，实施精准培训，解决好"培训谁""谁培训""培训什么""怎么培训""在哪儿培训""什么时候培训"等一系列问题。

二、新型职业农民高级研修培训特点

为适应新时期农业发展要求和新型职业农民自身发展需要，各地举办了多种形式的农业行业高级研修班。农业高级研修班根据培养目标的不同可分为不同主题，一般以学习专业技能和提高实践能力为主，结合专题讲座和外出学习等多种形式，将学习内容与实际相结合，对象多为有相关技术基础或从业经验的农业人员，更加注重学员专业的发展和延伸性。

1. 培训对象需具有相关从业基础

无差异化的农业培训往往使得参训者的专注度不高，新型职业农民高级研修培训与农业基础培训不同，需要根据培训类别精准选择和确定参加人员，同时，要求培训对象具有一定的农业技术知识或从业基础。学员招生可为组织单位遴选或者相关政府部门推荐，其培训注重学员能力的提升，可帮助学员开阔视野，扩大交际人脉。培训对象一般分为农业企业代表以及农场或农业园区管理人员、专业合作社带头人、农业技术人员等。

2. 注重多类别高水平师资队伍建设

行业性的高级研修班对师资的专业性要求较高，尤其农业领域包含类别很多，既可以按照果树、蔬菜、畜禽等大类划分，又可以专门按照某一品种的种养殖技术进行培训。因此，新型职业农民高级研修应以产业需求为导向组织多类别的师资队伍。此外，由于高级研修培训对象具有一定专业基础且对培训效果要求更高，因此需要组建与培训主题相对应领域的高水平专业师资团队，可包括该领域农业院校或科研机构专家、相关企业高级管理人员等。

3. 重视课程内容的系统性和实操性

新型职业农民高级研修班课程具有专业系统性的特点，确定高级研修班培训主题后，相关系列课程可围绕主题进行设置，通过系统的培训让学员全面掌握该领域的专业知识。高研班在课程设置上充分契合国家农业发展方向和当地农业产业发展需求，在加强学员理论知识和职业能力提升的同时，要更加重视如何教会大家将理论转化为实际操作的能力。由于农业技术最终需要落到田间地头，这就要求高研班在课程安排上实行理论课程和实践课程相配套的原则，进行研修过程中加强实际操作培训并到优秀的生产基地进行实地观摩，帮助学员更好的理解理论知识，增强学员动手操作能力，达到所学即所用的目的。

三、新型职业农民高级研修组织实施关键环节

1. 确定高级研修班培训对象，组建高水平培训师资队伍

（1）精准确定培训对象，解决好"培训谁"的问题。加强培训对象主体素质、生产规模和生产农作物种类以及培训意愿的调查，进行培训对象分类，精准选择和确定培训参加人员，推动分层次培训，解决好"培训谁"的问题，进而提升培训效果。对于生产规模较大和运营较好的从业者，以综合素质提升角度，强化管理水平和带动能力培育，介绍新技术、新理念和新模式，使其能更好地发挥示范带动作用；对于中等规模和正常运营状态但需要进一步提升的新型职业农民主体，从主体胜任能力角度，强化生产技术和规模经营能力培育，注重基地考察和现场教学等实践性环节，提升培训对象的实际生产管理和技术运用水平；对于生产规模较小或基层农业技术人员来说，从生产实际出发，强化操作性，内容具体化，以实用和解决实际生产问题为主。经营和生产不同农作物的主体要进行分类培训，从而保证培训的有效性和针对性。例如，在以北京市村级全科农技员为对象，组织开展北京市村级全科农技员专业技术提升培训高级研修时，采用京郊各区相关政府部门遴选推荐的办法进行学员选拔，同时针对这一群体特点和需求，围绕果树、蔬菜等京郊支柱产业开展研修培训，增强和提升全科农技员的农业生产专业技术和服务能力。

（2）精准建设和选择师资队伍，解决好"谁培训"的问题。新型职业农民高级研修对师资水平要求更高，类别更细，因此需要建设对应的师资团队，并对师资进行分级和专业培育管理，精准选择培训师资，解决好"谁培训"的问题。同时，也要根据新的农业发展特征，加强新技术、新业态等师资团队的更新建设，使师资队伍跟上现代农业和社会经济发展步伐，满足培训

需要。

例如，北京市农林科学院现已组织建立一支由 12396 北京新农村科技服务热线、中国农业科学院、中国农业大学、北京市农学院、北京农业职业学院、北京市农业农村局、大兴农科所、农技站专家共同组成的 200 多人师资队伍中，专家均具有高级职称，专业覆盖面宽。师资队伍专家所涉及的专业包括：大田作物栽培、蔬菜栽培、蔬菜育苗、蔬菜病虫害防治；果树栽培、果树植保；畜禽养殖、畜禽疫病防治；植物营养与土壤肥料、农产品加工、农产品营销等 10 多个专业。同时，根据培训具体要求增加诸如农业电商、企业运营、美丽乡村规划等各方面的专家，保证了新型职业农民高级研修班的师资资源。

2. 多维度开展高级研修培训工作，注重理论和实践的结合

通过多维度开展高级研修培训工作保证培训效果，即通过专业课程设置保证培训知识的系统度，通过现场交流学习强化培训的深度，通过线上平台指导保证培训的持续度。同时，在高研班组织过程中可综合运用几种培训方式，形成如"理论+实操""线上学习+线下培训""理论+实操+分组学习"等综合培训方式。

（1）针对高研班主题注重课程安排的系统度。高级研修班在课程设置上强化课程设计的战略性、前沿性、针对性、系统性和实用性，同时需要考虑当前热点和本地产业情况进行课程设置，从而确保学员在有限的培训时间获取最大的收获。例如，在节水骨干职业农民培育高级研修班上，针对节水主题设置了农业节水政策，节水智能装备，蔬菜和果树的节水栽培管理技术等系列课程，让学员对于节水农业有了系统全面的学习；在非洲猪瘟及草地贪夜蛾暴发时期，房山区全科农技员培训班设置了"畜禽疫病防治技术"和"我国重大入侵性农业害虫的研究及防控现状"这种针对热点的课程。同时，鉴于新型媒体在推广宣传方面发挥的作用越来越重要这一趋势，该培训还专门邀请相关媒体单位的专业人士讲解如何利用新媒体进行农业技术和产品的推广宣传，结合热点和前沿进行课程设计可以帮助学员迅速更新知识内容，开阔眼界。

（2）通过实地学习和交流强化培训的深度。新型职业农民高级研修可采用现场观摩实操以及分组讨论的方法进行培训。现场观摩实践配套理论培训课程，组织学员前往具有一定规模，生产发展较为成熟的农业基地开展现场学习观摩活动，现场可由专家或基地负责人进行讲解，带领学员学习先进生产模式、农业技术以及产业化经营经验，促进学员知识学习、观念更新、开拓学员的视野，提升学员自我学习的能力，促进其示范推广作用的进一步发挥。例如，房山区全科农技员研修培训中分别安排了"特菜品种、特性及栽培技术""蔬菜绿色防控技术"等课程，使得学员系统了解蔬菜相关技术知识，在之后的现场观摩中，培训配合理论教学安排了蔬菜种植技术的现场讲解和品鉴，这种配套教学形式为学员系统学习蔬菜栽培和病害防治技术提供理论和实践基础。此外，还可针对主题讲座过程中学员关心的热点话题，设置专家与学员、学员与学员之间互动研讨环节，通过答疑解惑、经验交流，帮助学员充分消化吸收讲解内容，解决学员在经营和技术实践中的问题，确保培训实效（图3-5）。

图3-5　配套蔬菜绿色防控理论 现场讲解蔬菜病害防治知识

（3）利用线上平台指导保证培训的持续度。充分发挥 QQ 群、微信、手机 App、网络电话、专家在线答疑、双向视频、语音电话、网站等现代化农业科技信息咨询服务通道的作用，让学员在培训后可以选择自己喜欢的方式，通过"手机+电脑"享受及时、权威、便捷、互动的远程专家跟踪指导服务。充分利用微信公众平台、网络学堂等，针对用户集中需求的问题，通过视频、图文的形式进行农业技术推送，以保证学员在高研班结束后仍然能够随时随地学习先进的农业技术，了解最新最实用的农业技术信息。

3. 进行高研班培训结业和反馈工作，做好培训宣传

为检测高研班培训效果，激励学员让学员更有收获感，需要开展培训考核、培训反馈、发放结业证书、进行培训宣传等几方面的工作。其中，培训考核可以采取现场考试、提交论文、考核打分等形式；培训效果调查和反馈可以在培训结束之后发放调查问卷，分别从培训整体情况、培训方式、培训内容、学员对知识掌握情况等几个方面开展，收集学员意见，工作组可以根据学员打分情况和所提意见提升今后工作；对于政府部门组织或批准的高级研修班，可以为学员发放相应的培训证书，成为学员继续教育和提升的认证；为营造良好的整体学习氛围，可在网站、报纸、微信等渠道进行报道和宣传。

例如，在组织新形势下智慧农业高新技术发展与应用研修班时，要求参加研修人员根据工作实际，每人撰写与研修内容相关的论文或交流材料，并于研修结束前提交纸质和电子版。此外，研修人员学习完成规定的课程并经考核合格后，将由北京市人力资源社会保障局颁发北京市高级研修班结业证书，培训学时记入专业技术人员继续教育系统。同时，该研修班为学员提供并讲解了论文选题要求和格式要求，将论文提交情况作为考核指标，学员认真撰写并提交了论文，通过这种考核手段使得学员掌握了农

业科技论文的撰写方法，极大地激发了学员的学习积极性和认同感。

四、新型职业农民高级研修班培训成效

1. 系统培育了一批具有专业技术知识的学员

针对有一定文化基础、产业基础的新型职业农民，进行了专业的高级研修培训，使他们系统学习一套农业技术知识并应用于生产实践，同时提升了自身素质，帮助他们在职业发展上取得进步。目前，北京市农林科学院已针对京郊合作社负责人、农场带头人、全科农技员等各类型新型职业农民开展高级研修培训共达数千人次，人员覆盖京郊所有涉农区，开展了包括节水农业专题、农业电商专题等各类高级研修，这些学员作为骨干，很好地促进了农业技术在当地的应用推广。

2. 更新了学员的技术理念

高级研修培训综合运用多种培训模式，学员们通过学习和观摩，直观感受新知识、新技术带来的新冲击，让他们自身的职责认识更加清晰，拓展了服务的思路和方法。许多新型职业农民表示，结合现场学习和观摩使得对理论知识掌握得更加扎实了，尤其亲眼看到物联网设备和信息化设备如何在农业园区内进行应用并提高工作效率的时候，大家对农业信息化知识的学习热情更高了。通过对京郊全科农技员高级研修班的调查显示，培训后全科农技员80%选用了新品种，85%的产品产量比培训前增加了，90%的产品质量都提高了。

3. 提升了学员的辐射带动能力

由于新型职业农民主要包括种植专业户、家庭农场主、农业专业合作组织负责人、园区和基地农业技术人员等，他们在日常的农业实践中起到了很好的示范带动作用，促进了农业技术的推广。开展高级研修培训在提高新型职业农民自身素质与推广能力

的同时，进一步提了他们的辐射带动能力和解决关键农时季节生产难题的能力，能够更好地发挥新型职业农民的作用，根据当地特色产业帮助当地产业效益提升，助力农民增收。调查显示，95%的全科农技员培训后应用了所学的技术，全科农技员发现问题、分析解决问题的能力得到提高，同时辐射带动能力不断提升。

第六节　新型职业农民知识技能竞赛

新型职业农民是具有专业技能的现代农业从业者，尤其是专业技能型的新型职业农民更是肩负着为所服务区域提供农业技术咨询指导、技术试验示范和科技信息服务等任务，是帮助解决农业科技入户"最后一公里"问题的关键一环，如何更好地提升他们的专业技能，调动他们的工作学习热情，营造比学赶超的工作学习劲头，这就需要不断地创新学习和考核方式，尽可能多地为他们提供交流展示的平台。综合运用线上和线下手段开展农业知识技能赛，确定"以赛促练，以练促用"为宗旨，可以进一步提升新型职业农民的综合素质，推进其队伍的建设，营造良好的学习工作氛围。

一、实施意义

1. 创新考核方式，检验知识技能

新型职业农民培训学习后大多数采用传统的考试方式进行成效检验，缺少创新的考核方式来对农业技术知识和技能进行检验。农业知识技能竞赛结合理论知识和农业生产开展，坚持公开、公平、公正的原则，以突出操作技能和解决实际问题能力为重点，是一种有组织的专业竞赛活动。农业知识竞赛不仅可以有效检验技术培训和技能指导效果，还可以促进农业技术人员进一

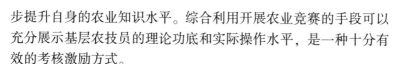

步提升自身的农业知识水平。综合利用开展农业竞赛的手段可以充分展示基层农技员的理论功底和实际操作水平，是一种十分有效的考核激励方式。

2. 搭建展示平台，促进交流切磋

举办农业知识技能竞赛可为新型职业农民提供一个展示自身技术能力和团队协作能力的平台，同时也可以拓宽视野，提高知识水平。通过竞技获得名次和奖励可以增强他们的获得感和认同感，也可以让参赛人员发现自身的不足和差距，以便在今后的学习工作中弥补不足提升能力。此外，各参赛队均会挑选精兵强将参加，举办方也会邀请有经验的专家参与，因此搭建这样一个平台有利于技能型的新型职业农民进行切磋交流，同时也可以促进技术人员同专家之间的沟通交流，为今后的发展拓宽人脉和渠道。

3. 激发学习热情，营造竞技氛围

新型职业农民人员队伍建设一直是一项重要内容，通过农业知识竞赛的举行可有效营造比、学、赶、超的学习氛围，激发他们的学习热情。现场竞赛提升参赛人员的获得感和竞技感，线上竞赛则加强人员的参与度和持续学习热情，综合运用多种形式开展竞赛，可有效提高新型职业农民的综合服务能力，对推进新型职业农民队伍建设，开创农业科技服务新局面起到积极的推动作用。

二、实施方法

1. 制订竞赛方案，做好筹备工作

主办单位需要精心策划制订竞赛工作方案和应急预案。农业知识技能竞赛一般可分为现场竞赛和线上竞赛，在实际操作过程中可综合两种方式进行。首先需要确定比赛形式和内容，现场竞赛可主要针对理论知识和技能操作两个方面进行设置。

线上竞赛需要准备相应的题库多方面考察参与人员的知识储备，题型可进行多样化的设计（如选择题、判断题、填空题等）。在组织筹备方面需要明确具体任务，明确每项任务的完成时间、负责人员和进度安排，部署好题库准备、线上竞赛模块开发、现场活动需要准备的材料、舆情宣传等重点工作，做好技术、设施设备等后台支撑保障，注重工作细节的安排处理，高标准完成筹备工作。

2. 强化管理服务，积极推进竞赛工作

第一，充分发挥相关单位的力量，做好活动宣传，层层发动和组织基层农技人员进行报名参赛，遴选和推介参赛选手和啦啦队员。第二，组织单位需要汇集专业资源形成专家组和评委组，专家组准备竞赛题库，评委组则负责竞赛的专业点评工作。第三，加强相关单位和参赛选手的衔接沟通，及时发放大赛工作手册，及时组织全体人员了解和熟悉比赛流程和规则，及时安排好赛前学习培训工作，确保每位参赛人员按规定时间参赛，鼓励有条件的地区组织短期集训或研修学习以提高竞技水平。

3. 加强宣传引导，营造良好的竞技氛围

大赛各承办单位和参加单位可围绕大赛活动的要求，充分利用广播、电视、报刊等传统媒体，以及网络、微信、微博等新媒体进行广泛宣传，有效提升活动的知晓度和影响力；大赛举办期间，配合竞赛活动进展，及时采集和整理在组织管理、工作成效、优秀队员、优秀事迹等方面的材料信息并进行报道宣传，为竞赛活动营造良好氛围，进而提升新型职业农民队伍的建设。

三、农业技能竞赛实践

从 2016 年至今，北京市农林科学院信息与经济研究所已经成功举办了多届"大兴区'兴农杯'全科农技员知识竞赛"，并改进竞赛方式开展了"大兴区全科农技员线上知识竞赛"。通过比赛显著提升了全科农技员的知识水平和学习热情，为全科农技员更好的服务用户，打通科技入户"最后一公里"提供基础。

1. 现场竞赛

农业知识现场竞赛的组织涉及竞赛宣传、选手和观众报名、建立评委团、竞赛活动材料准备、竞赛环节和规则设计、评判奖励办法等内容，尤其农业技术具有操作性需求强的特点，需要在竞赛过程中检验选手的实操技能，现结合"大兴区'兴农杯'全科农技员知识竞赛"进行具体组织方法和要求的介绍。

大兴区"兴农杯"全科农技员知识竞赛的举办到北京市农业农村局相关领导的重视和参与，参加竞赛的主体均来自大兴区各个乡镇从事农业生产服务的全科农技员。竞赛人员由裁判专家、选手、观众部分构成。比赛分为"必答题""抢答题"和"实操题"3个环节，"必答题"环节全面检验全科农技员的知识积累状况；"抢答题"环节考验选手们的理论知识、反应能力以及团队成员的协作能力；"实操环节"的比拼考察选手的实操技术水平，团队成员可以合作完成，可设置诸如穴盘基质育苗技术、种子识别等内容。知识竞赛环节由场边工作人员根据答题情况进行记分，技能比拼环节由裁判专家根据各队表现情况进行现场评判。汇总各团队知识竞赛和技能比拼环节得分即为该团队的最终得分（图3-6）。

农业知识竞赛不仅可以有效检验技术培训和技能指导效果，还可以促进农业技术人员进一步提升自身的农业知识水平，带动农技员之间的学习交流互动，促进农技员巩固知识、熟练技能，提升服务能力，通过参赛队员确立标杆，促进农技员比学赶帮超。农业知识竞赛活动也得到众多媒体的关注，京郊日报、大兴报、北京农业信息网都对此次活动进行了报道宣传，提高了活动的效果。

竞赛现场　　　　　　　　　选手答题

技能比拼　　　　　　　　　颁奖盛典

图 3-6　竞赛现场情况

2. 线上知识竞赛

为培养造就一支懂农业、爱农村、爱农民的"三农"工作队伍，提升京郊新型职业农民的素质，北京市农林科学院信息与经济研究所联合大兴区农业农村局相关单位重点面向全区村级全科农技员开展了"全科农技员争做答题王"线上知识竞赛活动。

线上竞赛程序可依靠第三方平台进行设计或自行开发，本次竞赛由市农林科学院信息与经济研究所负责题库的准备并联合第三方平台进行线上程序设计。大兴区农业农村局负责活动宣传组织。

为增加活动的知识性和趣味性，竞赛以"知识闯关"的形式进行，竞赛分为"明辨是非（判断题）""正确抉择（选择题）""知识对对碰（连线题）"三关进行，内容涉及粮食、蔬菜、水果、土肥、植保、种子、农业法律法规等农业知识。竞赛以用户成功通关的最短用时为竞赛成绩，主要考验参赛者回答问题的准确率及反应速度等。全科农技员可充分体现自己的业务水准，不断挑战自我，刷新成绩（图3-7）。

图3-7　线上知识竞赛页面

　　活动期间，除大兴区293名全科农技员积极参与外，其它地区农民也表现出了极大的参与热情，答题热情高涨，截至活动结束，全区参与答题人数1 011人，共计答题16 547次。此次竞赛是大兴区首次全科农技员网络知识竞赛，是开启新型农民网络化学习的成功尝试，为农技员比拼业务知识提供了平台，激发了农民互联网新媒体形势下的学习热情。

第七节　科技之星评选

为挖掘北京市新型职业农民优秀代表，宣传优秀先进典型，提升新型职业农民综合素质，展示北京市新型职业农民精神风貌，结合当前乡村振兴的形势任务要求，探索开展了北京市新型职业农民科技之星评选活动。

一、评选背景

1. 京郊新型职业农民培育初具成效

新型职业农民是发展现代农业的主体，是实施乡村振兴战略和实现城乡一体化发展的核心力量。为了加快培育有文化、懂技术、善经营的新型职业农民，按照农业农村部及北京市相关政策文件要求，将新型职业农民培育工作作为发展现代农业的基础性工程，加强制度建设、创新培育方式、健全工作体系，取得了明显的进展与成效，初步培育了一批以生产经营型、专业技能型、社会服务型为主要方向的"三类协同"新型职业农民，在农业生产、经营、管理和服务过程中发挥了重要作用。

2. 新型职业农民科技典型需要树立

经过多年的培育工作，新型职业农民已成为发展农村新产业新业态的先行者，成为应用新技术新装备的引领者，成为创办新型农业经营主体、发展适度规模经营的实践者，他们可为大众树立农业科技典型，为单位和个人树立学习方向；同时，通过新型职业农民科技典型的树立，可以向更多人展示乡村广阔的创业空间和发展机遇，吸引并留住更多乡村振兴人才。

3. 发挥示范带动推进职业农民培育

新型职业农民科技之星评选活动为职业农民的培育提供了新的方式。一方面，通过评选活动为职业农民优秀典型提供了宣传和展示自我的平台，可以让其个人事迹、创业故事等得到更多的曝光度，获得行业的关注和认可，提升新型职业农民的个人影响力；另一方面，科技之星评选活动可以充分展示新型职业农民优秀代表在乡村振兴产业发展过程中好的经验、做法和模式等，为更多用户提供借鉴和参考，以更好地发挥示范带动作用。

二、目标任务

为挖掘北京市新型职业农民优秀代表，树立农民科技示范典型，展示北京市新型职业农民精神风貌，探索开展新型职业农民科技之星评选活动。通过评选活动摸底农民科技活动概况，了解农民科技培育效果，结合乡村振兴需求，总结并宣传新型职业农民科技之星成功的经验、典型的做法、具体的模式等，以更好地发挥新型职业农民的示范引领作用，促进农业科技传播。

三、评选对象

本次科技之星评选是以新型职业农民为评选对象，以科技为主题的人物评选活动。通过区县推荐和自主报名精选评选对象，主要包括生产经营型、专业技能型和社会服务型3种新型职业农民。

（1）"生产经营型"新型职业农民，是指以家庭生产经营为基本单元，充分依靠农村社会化服务，开展规模化、集约化、专业化和组织化生产的新型生产经营主体。包括青年农场主、种养殖大户、家庭农场经营者、农民合作社带头人、农业企业骨干、农业生产技术骨干、返乡下乡涉农创业者（中高等院校毕业生、退役军人、科技人员和留学归国人员）等。

（2）"专业技能型"新型职业农民，是指在农业企业、专业合作社、家庭农场、专业大户等新型生产经营主体中，专业从事某一方面生产经营活动的骨干农业劳动力。主要包括农业工人、农业雇员等。

（3）"社会服务型"新型职业农民，是指在经营性服务组织中或个体从事农业产前、产中、产后服务的农业社会化服务人员，主要包括从事农业全产业链社会化服务的骨干人员、村级全科农技员、农村实用人才等。

四、评选实践

1. 概述

2018 年年底，开展了由北京市农业农村局主办，北京市农林科学院承办的"北京市新型职业农民科技之星"评选活动。本次评选是新型职业农民培育领域开展的以科技为主题的人物评选活动，通过推荐报名、线上投票、专题培训、专家评审和媒体公示等评选环节，最终评选出 10 名"新型职业农民科技之星特别奖"和 30 名"新型职业农民科技之星入围奖"。本次评选活动得到了北京市农业农村局、北京市农林科学院、北京农业职业学院等相关单位和部门的高度重视和大力支持，获得了农业农村部相关部门的高度肯定，评选结果通过网站、报纸等媒体进行公示，对科技之星的典型事迹进行汇编宣传，达到了宣传科技典型、展示精神风貌、提升综合素质的目的。

2. 评选方案

本次评选活动包括宣传发动、推荐报名、网络投票、专题培训、专家评审、结果公布及表彰宣传等主要环节。

（1）宣传发动。市、区发布评选活动通知，结合科技下乡、新型职业农民培育项目等进行广泛宣传，发动符合推荐条件的新型职业农民积极参与报名。

（2）推荐报名。10 个远郊区每区限定推荐 10 名候选人，由区农业主管部门负责组织遴选和推荐报名工作，统一提交《北京市新型职业农民科技之星报名表》、相关佐证材料、个人风采展示照片等。

（3）线上投票。线上网络投票开放期间，由各区农业主管部门组织本辖区社会公众和农民朋友为候选人投票。投票过程中，每人每天限投1次，每次限投5票。具体投票方式有微信投票和网站投票2种方式，通过线上网络投票的方式，评选出排名前40名候选人进入专题培训环节。

（4）专题培训。对线上网络投票初选的入围人员，开展以科技宣传为主题的专题培训活动，以提高新型职业农民的综合素质和团队建设水平。

（5）专家评审。组织有关专家对线上网络投票初选入围人员进行评审。每人采取幻灯片形式进行现场展示汇报，时长3~5分钟，展示汇报内容包括从业经历、科技培训、科技服务、示范带动、所获荣誉等。由评审专家结合个人汇报与评审材料进行综合打分评价，并根据评审分数高低择优评选出10名特别奖和30名入围奖。

（6）结果公布及表彰宣传。评选结果在农业农村局官方网站进行公布，组织相关媒体对"新型职业农民科技之星"先进事迹进行报道，并对"新型职业农民科技之星"先进事迹进行汇编。通过举办科技之星表彰大会，对科技之星进行表彰，并向公众发放新型职业农民科技之星事迹材料典型汇编，加强新型职业农民科技之星的宣传。

3. 评选过程

（1）市、区广泛宣传，择优推荐。由主办单位北京市农业农村局发布评选活动通知，并通过北京农业信息网、今日头条、微信公众平台等进行宣传，让更多的新型职业农民了解评选活动；同时，结合科技下乡、新型职业农民培育项目等进行广泛宣传，让新型职业农民科技之星评选活动覆盖更多人员。各区根据区内农业从业者情况，广泛发动，本着公正、自愿原则，择优推荐本区符合条件的新型职业农民科技之星候选人，并统一上交报名相关材料。

（2）网络投票评选，提高参与度和影响力。为了提高农业科技之星评选活动的影响力，提高公众参与度，设立网络投票环节。通过开发科技之星专题网站、微信公众平台等，全面展示候选人的精神风貌、个人事迹及从业感言，社会公众可通过官方网站、微信公众平台、朋友圈、QQ群等多种投票方式参与科技之星评选活动。投票活动共进行了5天，受到了全国各地用户的投票，平台共计访问量达3 866 508次，投票人次401 133人，通过微信平台分享6 541次，达到了良好的宣传效果和用户参与度。通过网络投票，最终排名前40名的候选人进入专家评审环节（图3-8、图3-9）。

图3-8　网络投票界面

图 3-9　公众平台、朋友圈宣传

（3）提升科技素质，进行专题培训。根据评选流程，组织专家对进入"科技之星"专家评审环节的候选人进行专题培训，培训包括 2 个方面：一是专家评审要求及答辩技能；二是个人素质能力提升及团队建设。通过答辩技能培训，让科技之星候选人明确了专家评审要点及在答辩过程中的注意事项，以便在评审过程中更好的展示自己；通过个人素质能力提升及团队建设培训，让新型职业农民科技之星候选人在日常生活中更加注重团队建设和个人素质的提升，以更好地展示北京市新型职业农民的良好风貌，更好地发挥典型带动作用。培训内容受到了候选人的认可和欢迎，学员表示受益匪浅（图 3-10）。

（4）专家综合评审。为了保证新型职业农民科技之星评选

图 3-10　专题培训现场

的科学性和公正性，对入围的科技之星候选人进行专家评审，邀请北京市农业农村局、北京市农林科学院、北京农学院、北京市农广校等专家担任评审专家。候选人按照评审汇报顺序逐一采取幻灯片形式进行现场展示汇报，汇报内容包括从业经历、科技培训、科技服务、示范带动、所获荣誉等内容，同时，对候选人汇报过程进行影像记录。专家根据候选人汇报情况、评审材料、综合表现等情况进行综合打分评价（图 3-11）。

图 3-11　专家评审现场

4. 评选结果

经过推荐报名、网络投票、专题培训和专家评审等环节，根据专家组对候选人的综合打分排名确定"新型职业农民科技之星特别奖"和"新型职业农民科技之星入围奖"。把获奖的人员名单通过《农民日报》、北京市农业农村局网站和北京农业信息网等进行公示。公示结束后，深入挖掘每位获奖的新型职业农民事迹，详细了解他们在农业科技应用、科技培训及示范带动等方面所做的工作，从事农业工作后的感悟等。通过对每位科技之星事迹材料整理汇编，以更好地宣传科技之星的典型事迹，提高对社会公众的影响力（图3-12）。

图3-12　媒体报道

五、评选效果

1. 展示了北京市新型职业农民良好风貌

北京市新型职业农民科技之星是通过区县推荐、网络投票、专题培训和专家评审等多个环节择优评选出的，积极贯彻落实了农业农村部开展新型职业农民典型人物评选的工作要求。通过评选活动全面展示了北京市新型职业农民科技之星的农业科技服务、创业故事和创业精神、辐射带动等，充分展示了北京市新型职业农民良好风貌，符合乡村振兴战略中人才振兴工作要求，对推进北京新型职业农民精准培育具有重要意义。

2. 树立了一批农业科技示范典型，引领带动他人

通过评选活动，充分挖掘了北京市生产经营型、专业技能型和社会服务型等新型职业农民科技优秀代表，他们已在农业生产标准化、农业服务社会化、农产品质量安全、农村生态环保、农游合一、科普教育等领域发挥了突出示范引领作用，全面展示新时期北京市新型职业农民职业风貌和优秀风采，为新型职业农民树立了标杆榜样，学习方向和赶超目标。

3. 为乡村振兴提供了好经验、好做法、好模式

北京市新型职业农民科技之星是家庭农场、农业专业合作社中的带头人，是乡村振兴战略中重点发展的经营主体。通过充分挖掘科技之星的创业过程、典型事迹，可为乡村振兴提供好经验、好做法和好模式。下一步切实加强宣传引导，让新型职业农民在乡村振兴中大有作为，促进北京都市型现代农业发展，促进新型职业农民培育事业健康有序，积极推动北京美丽乡村建设，促进首都城乡一体化全面发展。

第八节 新型职业农民网络教育培训

培育新型职业农民是农村经济发展的重要途径，新型职业农民正是通过教育培训得以提高成长，从而促进农业发展的转变。开展新型职业农民培训不仅可以有效地提高农民的整体素质，还有助于农民知识技能水平的提升。随着互联网技术的发展，"互联网+"作为我国国家战略被提出，对我国教育培训产生了重要的影响。农民可以利用互联网技术，从网络平台上自主学习所需的新技术，以此来不断拓展他们的视野范围，从而有效地处理农业方面的问题，并加快农业技术的发展步伐。

一、实施背景

网络教育培训具有覆盖面广、超时空性、交互性、生动直观等优势，它节省人力、物力和财力，可以说应用网络技术开展技术教育培训是保障农民科技培训可持续发展的重要形式。由于农业受季节时令和天气变化的影响比较大，农民白天劳动时间紧，工作繁重，学习的时间就更紧了，能够解决时间紧、空间固定的矛盾，这也是互联网教学优于其他教学方法的关键所在。

（1）可以满足学员多样化、个性化需求，是现场培训的有力补充。由于受到农时限制，且一些地区距离培训地点较远，这就导致很多农户在参加相关部门组织的现场农业技术培训上存在一定困难；此外，一场培训无法完全精准对接全部学员的学习需求，需要线上丰富的课程资源进行配合。还有一些学员在接受培训过后，具有持续学习的意愿。因此，应用网络技术进行农业技术培训可以更好地满足学员的多样化需求，成为现场培训形式的有力补充。

（2）网络农业培训可以节约培训成本。开展现场集中培训涉及场地、人员食宿、教师工资等各项费用，如果邀请专家到现场进行解答服务同样产生相应费用，提高了服务的成本。通过充分整合专家资源、农业知识资源，创新利用新媒体、智能化科技信息培训服务平台，让农民充分享受到信息化、智能化带来的红利，利用互联网的资源优势服务于农民科技培训。同时，很多网络资源对学员可以免费公益的开放，并可以反复回看，从而让他们方便快捷的进行农业技术知识学习。

二、实施方法

1. 融合多渠道培训服务手段

互联网在新型职业农民教育培训中的应用潜力巨大。要大力推广卫星网系统、互联网系统和移动端平台相结合的融合远程教育培训模式，借助多种先进信息技术应用传播手段，实现 PC、微信、QQ 和 App 等多种学习途径相互打通，整合农业种植、养殖、水产、花卉及阳台农业等多个农业领域的专家资源，把课堂融进网络，把课程装入手机，实现跨平台、多元化、移动化、碎片化学习，借助互联网手段优化培训效果，助推新型职业农民远程教育培训转型升级。

为了满足学员多样化、个性化和及时性的需求，北京市农林科学院信息与经济研究所进行了多渠道农业科技服务平台的集成与构建，以更好地服务用户。多渠道服务平台主要集成 12396 热线电话咨询服务系统、北京农科热线 App 手机应用系统、农业技术咨询微信服务系统、农业智能咨询服务机器人系统、互动交流QQ 群、农业技术咨询在线客服系统、留言咨询系统、双向视频咨询系统、微博等多种学习咨询通道，可帮助学员在结束现场培训后与专家建立多渠道的联系方式，方便他们接收最新培训消息、电子学习材料、进行专家咨询讨论等。例如，北京市农林科学院信息与经济研究所开发了"农人学堂"App，整合了专业视频资源，合理划分课程类别，用户可根据需要随时学习农业政策和技术等。

2. 进行精品课程资源建设

运用"互联网+"思维开展知识更新远程培训，要深入探索精品课程资源建设的规律，以高端为引领，强化知识更新背景下的网络课程整体设计。特别是农业技术课程资源设计，融合多领域、多类别农业技术资源，开发制作具有鲜明特点、可操作性和展示型强的精品课程，使课程内容更加丰富、制作更加精良、包装更加标准规范，呈现出系列性、实践性、移动性、趣味性等特色，进一步提升培训的针对性和有效性。

例如，北京市农林科学院信息与经济研究所针对京郊涉农区开展了系列技术培训，为配合不同区的产业发展特点，丰富学员学习资源，配套制作了大量的学习课件并放到相关网络课堂提供免费公益学习服务。课件内容丰富、名师讲授、同时通俗易懂非常实用，共分为农业政策、种植技术专区和养殖技术专区几个部分。同时，网络课堂根据不同地区的实际情况增设了相关专题和课程，例如延庆区百名农业领军人物网络培训中专门增设了"美丽乡村休闲农业专题"；了解到房山区林下经济需求后，其网络课堂重点增设了林下食用菌、林下养鸡等技术课程，课程资源受到京郊农户的一致好评（图3-13）。

3. 形成网络培训品牌

形成农业技术培训品牌并强化宣传，使得农业网络培训拥有更高更强的覆盖面。加强远程培训资源条件建设，做到"选题聚焦、专家建库、内容出新、平台优化"，向高、精、适、实的方向深入推进，通过资源积累和平台建设逐步形成成体系的农业技术培训资源和技术，将品牌逐步打响从而服务更多学员。

图3-13 京郊网络课堂

北京市农林科学院建设了"京科惠农"品牌，其团队抓住新媒体交互、直观、简短、覆盖面广的特点，建立了"京科惠农"网络大讲堂平台，并在抖音、火山、西瓜、快手等多个平台进行品牌注册。通过邀请知名专家做客"京科惠农"大讲堂进行直播培训指导，有效提高了专家推广和学员学习的效率，目前开播的20多期直播，参与人次已超过5万，学员分布北京、天津、河北、山东、安徽、甘肃等全国多个省市，形成了良好的品牌效应。此外，"京科惠农"品牌通过多平台宣传，制作发布了一系列便于学员接受的小视频来方便农民进行学习，包括了蔬菜种植、土肥管理、养殖技术等系列课程小视频，内容通俗易懂、形式寓教于乐，方便学员利用碎片化时间进行学习（图3-14）。

图3-14 "京科惠农"网页直播平台和抖音平台

三、实施效果

农业网络教育培训得到广大新型职业农民学员的认可，其覆盖面广、受众多、不受时间地域限制，是农民终身接受继续教育的重要方法。

（1）构建的"多渠道"农业技术服务平台，满足了用户多样化、个性化和及时性的需求，实现了农民随时随地以手中已有的信息设备，实时快捷地进行培训学习并获得农业科技专家指导和信息服务。通过创新教学方式方法和技术手段，不但解决了基层农技师资力量不足、个别专业无法开设等问题，而且做到优秀教师讲课资源最大化，为广大新型职业农民营造了同等接受继续教育的良好环境。

（2）建立的线上学习培训平台，能同时与现场培训相配合达到更好的培训效果，打破了农技学习的时空限制，形成持续培育效应。在学习环节上采取线上学习，学员随时随地用电脑或者手机移动端登录互联网学习基础理论课程和专业技术课程，做到农民学员足不出户、人不离田，不受时间和空间限制，不影响农民的生产活动就能完成学业。线上随时"一对一"、线下适时集中面授答疑，解决学员学习中遇到的各种问题，十分灵活、有效地解决了众多农民难以长时间集中学习的老大难问题，为广大务农农民创造获取知识和技能条件，提升素质和技能。

（3）远程培训实现了投入少、见效快的效果，无须公共场地和其他现场资源就可以进行学习，在知识快速更新的时代，能够保持知识及时更新，让学员第一时间得到第一手的学习资源，从而更好地服务农户。

第四章 新型职业农民科技培训
绩效评估与成效影响

第一节 培训绩效评估

新型职业农民是现代农业生产经营发展的主体，是实现城乡一体化以及乡村振兴战略的核心力量。培训效果如何，培训工作如何持续开展，一直是新型职业农民培育工程实施过程中的重要问题。本章利用培训绩效评估模型，建立评估指标体系，对新型职业农民培训的主要形式——应时应季培训、科技下乡培训、蹲点培训、科技帮扶培训、高级研修培训进行绩效评估，有效掌握了学员对培训内容的吸收程度，明确了培训对产业的促进作用，也为后续培训工作深入推进提供了客观依据和科学支撑。

1. 培训绩效评估方法及指标体系

农民培训效果影响因素众多，绩效评估一直是难点。本文采用柯克帕特里克（Kirpatrick）模型（又称"柯氏模型"）进行培训绩效评估。该模型满足了培训评估的系统性要求，简化了复杂的培训评价过程，简明扼要地抓住了培训绩效评估的核心内容，是当前应用最为广泛的培训评估模型之一。对于农民培训绩效评估而言，该模型具有可操作性和适用性。柯氏模型将评估划分为 4 个方面，即反应性评估、学习性评估、行为性评估以及结果性评估。

（1）反应性（reaction）评估。主要反映受训人员的直观感受及满意程度。这个层次的评估可以作为改进培训内容、培训方式、授课进度等方面的建议或综合评估的参考。

（2）学习性（learning）评估。主要反映培训学员对知识、技术、技能等培训内容的理解和掌握程度。即在培训前后，知识掌握以及技术技能方面的提高程度。

（3）行为性（behavior）评估。主要反映培训学员参加培训后，学员职业化行为的改善情况。具体指学员接受培训后相关行为的改变，包括时间、资金投入增加，以及技术应用、带动服务作用提升等。

（4）结果性（result）评估。主要评估学员工作成效或组织整体业绩是否得到了改善提升。它反映学员在参与培训后农产品产量、质量、收入等变化情况。通过这方面指标的分析，能够了解培训所带来的收益。

基于柯克帕特里克（Kirpatrick）培训效果评估模型，根据本文新型职业农民培训实践，设计新型职业农民培训效果评价指标体系，包括反应性效果层、学习性效果层、行为性效果层和结果性效果层4个评价维度指标，具体如表4-1所示。

表4-1　新型职业农民培训绩效评估指标体系

评价维度	评价指标
反应性 效果层	对培训的总体满意度
	对培训课程内容的满意度
	对培训方式和方法的满意度
	对培训老师的满意度
	对培训期时长的满意度
	对培训活动组织的满意度
学习性 效果层	知识掌握程度
	技能掌握程度
	服务能力表现

（续表）

评价维度	评价指标
行为性 效果层	对农业生产经营时间投入意愿的增加情况
	对农业生产经营资金投入意愿的增加情况
	对培训技术知识运用的增加情况
	服务带动周边农户量的提高情况
结果性 效果层	农业生产产量的提高程度
	农产品品质的提高程度
	农产品销售收入或业务收入的增加程度
	农业总收入的增加程度

反应性效果层：具体包括新型职业农民培训总体情况、培训课程内容、培训方式方法、培训老师、培训期时长、培训活动组织六方面的满意度指标。反应性效果评估数据的获取方法是在培训活动结束时，通过问卷调查的方式获取学员对该次培训有用性的直观评分。

学习性效果层：具体包括知识掌握程度、技能掌握程度、服务能力表现三方面指标。知识掌握程度主要通过笔试考察参训学员对所培训理论知识的吸收情况；技能掌握程度主要通过实际操作测试考察学员对所培训技术的实际应用能力；服务能力表现主要通过专家面试考察学员综合运用培训知识和技术开展农业科技服务的能力。学习性效果评估数据的获取方法是对培训学员进行抽样，通过试卷测试、现场操作及专家交谈打分的方式进行评分。

行为性效果层：具体包括培训学员对农业生产经营时间投入的增加情况、对农业生产经营资金投入的增加情况、对培训技术知识运用的增加情况、服务带动周边农户量的提高情况4个指标。行为性效果层数据的获取方法主要是通过调查评估表考察学员在实际工作中行为的变化，以判断所学知识、技能对实际工作的积极影响。

结果性效果层：具体包括农业生产产量或者服务业服务量的提高程度、农产品品质的提高程度、农产品销售收入或业务收入的增加程度、农业总收入的增加程度。结果性效果层数据的获取方法是对培训学员以及科技之星候选人进行抽样调查，通过调查问卷、访谈的方式进行评估。

2. 调查样本基本情况分析

采用李克特五等级量表法设计调查问卷的问题选项以供新型职业农民选择。在选项中，设置5个等级，如"没有增加（提高）、不确定、有点增加（提高）、增加（提高）较多、增加（提高）很多"，或者"非常不同意、不同意、基本同意、比较同意、非常同意"等。在调查过程中，面向北京市新型职业农民共发放问卷 2 250 份，收回问卷 2 100 份，有效问卷 1 997 份，调查问卷回收率93.3%，有效率为95.1%。

（1）调查样本性别年龄及文化程度情况。调查样本中男性较多，年龄大都在30岁以上60岁以下，文化程度大多在高中或中专水平，有64.4%的新型职业农民曾获得过职业技能资格证书，包括农艺工、园艺工、林业技术员、低压电工证书等（表4-2，表4-3）。

表4-2　调查样本的性别、年龄段分布

性别		年龄段分布		
男	女	30 岁以下	30~45 岁	46~59 岁
72.1%	27.9%	1.9%	44.2%	53.9%

表4-3　调查样本的文化程度、职业资格证书情况分布

文化程度				职业资格证书	
小学	初中	高中或中专	大专及以上	有	无
0	19.2%	73.1%	7.7%	64.4%	35.6%

（2）调查样本背景与技术情况。新型职业农民的主要收入来源、从事农业时间、掌握的技术类别、自身受培训的情况、服务需求等情况，如表4-4、表4-5。其大部分以种植业为主要收入来源，从事农业生产时间10年以上。他们大部分拥有两项技能，其中，拥有种植业技能的偏多。在工作岗位上，能够向农民提供多种类型的技术服务。

表4-4　调查样本的主要收入来源、从事农业生产时间情况分布

主要收入来源				从事农业生产的时间			
种植业	养殖业	农产品经营	运输等其他副业	2年以下	2~5年	5~10年	10年以上
81.5%	13.0%	0.9%	4.6%	1.0%	5.8%	11.5%	81.7%

表4-5　调查样本的专业技能、服务技能分布

掌握的主要农业生产技能		对农民提供的技术服务				
1项	2项	1类	2类	3类	4类	5类及以上
26.9%	73.1%	22.1%	26.9%	33.7%	10.6%	6.7%

3. 培训绩效评估结果

通过对上述问卷调查数据进行统计分析，结合组织开展的笔试、面试及操作技能测试显示，北京新型职业农民培训在反应性、学习性、行为性和结果性绩效方面都表现良好。

（1）新型职业农民对培训普遍满意度高，反应性绩效优良。在对整体满意度评价方面，62.2%的学员十分满意，37.8%的学员表示满意，不满意率为0。培训总体上得到了新型职业农民肯定，切合了培训的实际需要。在对授课内容的评价上，学员非常满意的占64.4%。在对培训方式方法满意度评价上，60%的学员非常满意。对专家授课水平评价上，64.4%的学员非常满意，35.6%的学员满意，说明具有丰富实践经验的专家授课，能够得到学员的充分肯定。对培训的组织管理满意度评价上，80.7%的学员非常满意，13.3%的学员认为满意，没有不满意，反映了培训活动组织取得了成功。上述数据表明，新型职业农民培训反应性绩效优良。其主要原因在于，培训"北京模式"特别注重前期需求调研，本着一切从实际出发的原则，以需求为导向进行培训策划，包括确定施训的对象、内容、方式、渠道、师资和时间等，进行符合现代农业和新农村建设发展趋势以及适应当地农业和农民发展需要的培训方案设计，有效实现了新型职业农民培训的供需对接（表4-6）。

表4-6 培训整体、内容、方式、专家授课、组织管理满意度情况

项目	非常满意	满意	一般	不确定	不满意	李克特五等级均值
培训整体	62.20%	35.80%	2%	0	0	4.60
培训内容	64.40%	32.60%	3%	0	0	4.61
培训方式	60%	34%	3%	0	0	4.5
培训专家	64.40%	30.60%	5%	0	0	4.60
组织管理	80.70%	13.30%	6%	0	0	4.75
反应性绩效						4.60

（2）新型职业农民知识技能掌握程度较好，学习性绩效显著。学习性绩效通过笔试、面试和操作测试3种进行评估。其中，笔试试卷设计覆盖了培训所涉及的种植栽培、植保病害、养殖管理、畜禽疫病、经营管理、营销推广等生产经营多个方面，通过百分制问卷作答进行统计分析。面试邀请农业专家作为面试老师，以新型职业农民在服务过程中遇到问题的应对解决办法为测试内容，通过提问交流的方式进行评估打分。操作测试选定部分培训技术，如穴盘育苗、嫁接、种子识别等，制定操作规范及步骤评分细则，邀请农业专家进行观察打分。统计显示，笔试良好以上占比76%，其中，优秀及非常优秀率达31%，说明农业技

术知识掌握较好。面试良好以上占比79%，其中，优秀及非常优秀率达51%，说明实际解决问题能力较强。操作测试良好以上占比93%，其中，优秀及非常优秀率达68%，说明对所培训技术实际应用的操作能力较强。可见，经过培训后，新型职业农民的知识和服务能力均有提高，其中培训技术的实际操作应用掌握最好，学习性绩效明显。这与培训过程中，培训"北京模式"注重"理论+实操"相结合的核心思想具有密切关系。从培训专家遴选方面，授课老师均具有多年基层实际生产指导经验。在对知识技能的传授方面，创新了点单培训等集中授课模式，还通过实地观摩、田间实操、知识竞赛等多种形式将理论与实际相结合，帮助学员融会贯通，从而取得了良好的学习效果（表4-7）。

表4-7 新型职业农民培训学习效果评分情况

项目	非常优秀 （90~92分）	优秀 （80~89分）	良好 （70~79分）	中等 （60~69分）	差 （小于 60分）	李克特 五等级 均值
笔试	6%	25%	45%	20%	4%	3.09
面试	5%	46%	28%	18%	3%	3.32
操作测试	16%	52%	25%	5%	2%	3.75
学习性绩效						3.39

（3）新型职业农民生产投入和服务带动行为增加，行为性绩效提高。调查显示，89%的被调查对象对农业生产经营时间的投入有增加，其中，56%增加较多或增加很多；71.8%的被调查对象对农业生产经营资金投入有增加，其中，29.6%增加较多或增加很多；95%的被调查对象对培训技术知识有应用，其中，74%增加较多或增加很多；83%的被调查对象服务周边农户的质量提高有增加，其中，65%增加较多或增加很多。上述数据表明，经过培训后，较多的新型职业农民将培训技术应用于实际生

产,再次证实了培训技术内容设计的科学性。此外,在时间投入,资金投入以及服务带动周边农户方面都有所增加,行为性绩效提高明显。将培训所学应用到农业生产实践及服务带动活动中并取得成效,是一个需要长期贯彻坚持的过程。培训"北京模式"在培训实施过程中,注重在有限的培训课堂时间之外,还通过热线、微信、QQ、APP 等多渠道咨询服务平台提供长期辅导和定期反馈跟踪,实时解决学员生产中遇到的问题,实时提供专家咨询指导,帮助其更好地将所学推动生产发展,带动周边农户发展,效果明显(表4-8)。

表4-8　新型职业农民培训后生产投入和服务带动行为变化情况

项目	增加 (提高) 很多	增加 (提高) 较多	有点增加 (提高)	不确定	没有增加 (提高)	李克特五 等级均值
农业生产经营 时间投入情况	5.50%	50.50%	33.00%	10.00%	1.00%	3.50
农业生产经营 资金投入情况	3.60%	26.00%	42.20%	12.00%	16.20%	2.89
培训技术知识 运用情况	42.60%	31.40%	21.00%	5.00%	0.00%	4.12
服务带动周边 农户的质量变 化情况	22.80%	42.20%	18.00%	17.00%	0.00%	3.71
行为性绩效						3.55

(4)农业生产效益提高,农民家庭农业收入增加,成果性绩效明显。调查显示,85%的调查对象农业生产产量有提高,其中,23%增加很多,37%增加较多。90%的调查对象认为农产品品质有提高,其中,27%增加很多,42%增加较多。79.9%的调查对象的农业总收入有增加,其中,10.5%增加很

多，58.4%增加较多。这表明，接受新型职业农民培育后，绝大多数农民的农业劳动效率和生产效益得到提高，家庭农业总收入增加明显，成果性绩效较显著。同时，也实证了培训"北京模式"的有效性和优越性。培训"北京模式"在整体培训过程中，针对培训前期策划、中期实施、后期跟踪，形成了一整套标准化的服务管理模式，在不断总结有益经验的基础上，提升了培训服务和管理能力，为新型职业农民培训取得良好成效提供了保障（表4-9）。

表4-9 新型职业农民结果性绩效

项目	增加（提高）很多	增加（提高）较多	有点增加（提高）	不确定	没有增加（提高）	李克特五等级均值
农业生产产量提高程度	23%	37%	25%	0	15%	3.53
农产品品质的提高程度	27%	42%	21%	0	10%	3.76
农业总收入的增加程度	10.5%	58.4%	11%	0	20.10%	3.39
结果性绩效						3.56

第二节 培训取得的成效

新型职业农民培训做到了工作部署"三到位"（组织到位、服务到位、宣传到位），培训质量控制"三环节"（专家选聘严格把关、课程设计精益求精、培训形式推陈出新）、培训相应服务"三结合"（产业需求结合、信息化服务手段结合、园区基地新技术学习结合），为农业人才队伍培育、都市农业发展、生态文明建设提供了重要支撑，促进了乡村振兴。

1. 涌现出大批科技服务典型，培养了一支高素质农业人才队伍

以全面提升新型职业农民科技素质和综合服务水平为导向，面向新时代知识型、技能型、创新型人才队伍建设要求，在院企联合、跨领域、高水平培训专家团队支持下，通过科学设计培训内容，不断创新应时应季培训、高级研修、田间实操、现场观摩、生长全周期蹲点等培训形式，突出培训实效，学员科学意识、知识水平、服务水平不断增强，涌现出了大批的科技服务典型，形成了高素质的农业人才队伍，为助推乡村人才振兴发挥了重要的作用。

学员科学意识得到了增强。通过培训，学员们不再简单停留在是什么、怎么办的生产问题表面，而是注重从基本科学原因层面找答案，分析问题、解决问题的能力有效提升。如大兴姚先生借助畜禽免疫技术培训课堂，代表学员向培训专家问道：猪瘟疫苗有脾淋苗与细胞苗，它们的防治机理是什么？有什么区别？小猪在1周进行猪瘟单免后，3周后用不用再使用3联疫苗？专家耐心细致地从科学角度向学员解释了什么是猪瘟的脾淋苗和细胞苗，两者在成苗机制上有什么差异，为什么单免后不能进行3联疫苗免疫等。学员将专业理论与实际应用进行融会贯通思考，提升了科学用药、安全用药水平。

学员知识水平得到了提升。通过培训，学员系统学习了蔬菜、果树、畜禽等方面生产技术知识，以及农产品质量安全、市场营销等方面经营管理知识，有效拓宽了知识面。如农产品生鲜电商平台生产基地技术员尹先生通过参加培训，结识了培训专家和服务平台。自此以后，在专家和平台帮助下，学习了秋季露地白萝卜种植、芹菜斑潜蝇防治、结球生菜根腐烂等培训技术。3年下来，已经成为公司技术骨干。

学员服务水平得到了提高。科学思维转变和知识不断储备，

为服务能力的厚积薄发提供了重要基础。如青云店镇马先生在参加培训后，积极把学到的知识传授给身边的果农，提高他们的种植管理水平。从冬春剪枝、配方肥施用、沼渣沼液再利用，到高效低毒农药病虫害防治应用等关键技术，他都不厌其烦地手把手传授，帮助果农的果园减少病虫害发生，降低成本，增加产量和收入，成为本村以及周围果农的主心骨和技术依靠。其服务入户率、解决问题有效率和农户满意率均达到90%以上，在该镇名列前茅，成为当地全科农技员的典型代表。

2. 构建了新型职业农民培育服务体系，增强了农村产业发展活力

以12396多渠道咨询服务信息平台及数据库资源为培育跟踪辅导手段，以首都农业科研院所、企业专家团队为核心师资力量，与市区农委、镇农办、村委进行培训组织合作，构建了专业化培训、信息化咨询、多渠道指导、线上线下相结合的新型职业农民的培训服务体系，极大促进了学员和培训专家的实时对接以及学员之间的相互交流，提升了新型农业经营主体适应市场和带动农民增收致富的能力。据统计，培训学员通过网络在线、QQ群、微信、手机App等渠道开展咨询交流共计3 000多万人次，即时解决生产重点技术问题2万多个，形成了众多增收发展典型案例，农村产业发展活力明显增强。

系列配套产业技术培训支撑镇域农业经济发展。根据镇村产业特点，结合生长周期开展了系列配套培训。如在大兴庞各庄镇，针对梨树管理开展疏花疏果、冬剪等技术培训；针对西瓜种植开展田间栽培管理、新品种栽培技术指导等技术培训；针对茄果类蔬菜栽培开展高效管理、田间病虫害防治等系列培训。实用的配套技术为大兴梨、西瓜和蔬菜三大主导产业提供了全程、及时、有效的技术支撑。

学员学以致用带动周边农户农业生产效益提升。通过培训，

学员带头示范新技术，推广新品种，增产增收效益明显。如新型职业农民李女士通过培训学习新技术，尝试种植蔬菜新品种20余种，推广应用穴盘无土育苗、双网覆盖、色板诱杀、熊蜂授粉、二氧化碳吊袋等新技术15项，发展科技示范户30多户，促进了当地果蔬高质量生产，实现收益提高近20%。再如，青云店镇陈先生通过培训学习蔬菜种植新品种新技术，为本村及周边农户提供番茄、黄瓜、茄子、大椒等10个品种150万株优质种苗，自己实现收入15万元，带动本村及周边农户200户以上，带动本村菜农收入亩增加2 000多元，得到农民的赞扬与肯定。

技术培训和咨询服务相结合激发农村创业热情。在提供培训的同时，将后续技术应用咨询服务相结合，为学员提供了强有力的技术支持保障。如房山区长阳镇新型职业农民高先生，一直想创业发展找不到门路。通过平台培训及服务认识了林下经济技术推广专家和油鸡养殖研究专家，开始林下养鸡，以及林下蘑菇草药种植。同时，通过土地流转为科研院所提供试验基地。多种措施，2年下来已经开始盈利，实现年收入10多万元。如平谷区农民张先生是淘宝店主，自2013年以来在技术培训帮助下，进行规模化精品果品生产，以及平谷大桃绿色无公害认证，并借助平台及时解决咨询问题近百个，实现了网店订单量持续增长。

3. 强化了绿色发展的理念，推进了农村生产生活生态"三态"共生

农村是生态产品供给的重要基地，农村的山水林田湖草对整个生态系统具有支撑和改善作用。新型职业农民培训过程中，始终坚持以绿色发展为原则，让绿色发展理念进教室、进课堂、进基地，大力推广绿色生产技术，促进了节水、节肥、节药、高效、先进生产技术在农业产业的推广应用，不断提升农业的生态功能，实现人与自然和谐、环境与经济协调和可持续发展。

培训推广集约化生产、高效节水等技术，有效促进生产资源

节约和充分利用。如培训的蔬菜集约化育苗不仅省工时，而且其省水的效果更加可观。以常用的 72 孔番茄为例，整个育苗期共浇水 12 次，1 次用水量 1.2 千克左右，单株秧苗耗水量 0.2 千克左右。而同样一株番茄苗，传统育苗方式耗水量平均在 1.2 千克以上，相比起来，集约化育苗 1 株即可节水 1 千克。推广的水肥一体化技术平均亩节水 $80 \sim 120$ 米^3，节肥（纯养分）$8 \sim 15$ 千克，节药 $3 \sim 8$ 千克，省工 $6 \sim 8$ 个，省地 $3\% \sim 5\%$。棉花亩增产 $8\% \sim 10\%$，苹果、葡萄等果园平均增产 $15\% \sim 24\%$，日光温室蔬菜亩增产 $5\% \sim 8\%$；大田经济作物平均亩增收 $150 \sim 200$ 元，果园平均亩增收 $800 \sim 1\,000$ 元，日光温室蔬菜亩增收 $1\,200 \sim 1\,500$ 元。推广的喷灌技术与地面灌溉相比，大田作物喷灌平均可省水 $30\% \sim 50\%$，增产 $10\% \sim 30\%$，提高工效 $20 \sim 30$ 倍，提高耕地利用率 7%。

节水技术应用实现了农业节本增收。如大兴区长子营镇河津营村全科农技员吴先生，2016 年参加了农业节水技术高级研修班后，将自己的种植棚灌溉系统进行了改造，新上了全套滴灌设备。据核算，每年每亩多支出不到 50 元，应用新设备后可节水 50%，实际每年每亩节本增收 $200 \sim 300$ 元。通过节水技术培训，在全科农技员的带动下，一批节水科技成果在生产中得到了应用，促进了资源节约和成本节约，在京郊农村用水收费即将全面覆盖的背景下，将发挥更加明显的作用。

4. 推广了大批先进实用技术，为乡村振兴提供了重要科技支撑

通过培训，3 年间在京郊推广蔬菜、果树、大田作物等种植品种 123 个，畜禽、水产良种 36 个，种养殖先进适用技术 432 项，累计覆盖种植业 131.2 万亩，养殖业 209.2 万头（只），大批新技术、新品种等成果得到了应用和普及，覆盖京郊全部行政村。经效益评测机构分析测算，实现经济效益 2.5 亿元，有效促

进了农业科技成果的落地转化，推动了地方产业的发展。

在北京市大兴区，果菜优良品种及先进适用技术应用成效明显。大兴区主要以果蔬为农业主导产业。对此，组织果品、蔬菜专家，开展了茄果类栽培、果园病害防治、秋季冬剪等应时应季培训及集中研修培训。通过培训，培养新型职业农民 375 人，服务带动农户 7 万户，推广果蔬适用技术 157 项，推广农业新品种 60 多个，实现节本增收 3 550 万元。

在北京市密云区，资源节约型品种技术促进了生态涵养区"调转节"稳步推进。培训推广"生态作物+雨养旱作作物"等种植模式 5 万亩，推广抗旱节水农作物谷子、甘薯等 2 万亩，推广节水技术如生菜与叶菜轻简化栽培、膜下滴灌、水肥一体化等 20 多项，通过发展雨养旱作及生态农业，促进了结构调整，实现了生产和生态效益的共赢。

在北京市通州区，特色产业配套技术应用成效明显。如针对通州区西集万亩樱桃园，组织樱桃剪枝、果树病虫害防治、田间栽培管理等系列培训，以改善产量和品质，年度实现新增效益 500 万元。针对通州金鹿家园园区樱桃种植需求，对园区技术员开展樱桃剪枝培训，同时，配备科技服务信息设备提供产前产后技术指导成效明显，负责人送锦旗表示感谢。

第三节　培训社会影响

新型职业农民培训"北京模式"取得了明显的实效，在京郊区县农民培育工作中发挥着越来越大的作用，也受到了上级部门及主流媒体的肯定，形成了良好的社会影响力。

1. 成为京郊区县农民培育工作的重要支撑

新型职业农民培训"北京模式"已是一套成熟高效的培训实施模式，其培训资源、组织体系、培训内容、管理模式、培训形式和配套服务获得了区县农业主管部门的高度认可，是京郊区县农民培育工作的重要支撑。"京科惠农"培训团队连续多年承担了北京市新型职业农民培训高级研修班、区县全科农技员应时应季培训等重要任务，举办了"北京市新型职业农民科技之星"评选、全科农技员知识竞赛等重要活动。目前培训工作已经覆盖大兴、门头沟、房山、延庆、密云、通州等10个区。"京科惠农"培训已成为京郊农民培训具有影响力的品牌。

2. 被评为"全国新型职业农民培育示范基地"

全国新型职业农民培育示范基地是新型职业农民教育培训、实习实训和创业孵化的服务平台。全国新型职业农民培育示范基地由农业农村部组织审核、设立并编号授牌。"京科惠农"培训基地凭借贴近生产实际需求的培训内容精心设计、灵活多元的培训组织方法创新、便捷高效的培训辅导信息平台建设、注重实效的培训后跟踪反馈调查以及具有特色的新型职业农民培训"北京模式"，成功入选全国新型职业农民培育示范基地。

3. 受到主流媒体报道宣传

新型职业农民培训"北京模式"不断成熟，培训手段和成效被《科技日报》《农民日报》等多个主流媒体宣传报道。如《科技日报》以"北京新农村科技服务热线板栗讲座入农心"为题，对技术培训活动进行了报道；《农民日报》以"北京'新型职业农民科技之星'评选揭晓"为题，对"科技之星"活动进行了报道；中国科学报以"'12396科技服务热线'架设专家与农民的桥梁"为题，对培训跟踪服务平台进行了报道；《京郊日报》以"农民备春耕　科技送下乡"为题，对科技下乡活动进行了报道。新型职业农民培训"北京模式"影响力不断提升。

附件

附件一 培训信息表

1. 培训情况（附表1-1）

附表1-1 培训情况登记表

培训时间		培训地点	
培训人数		培训专家	
培训主题			
培训内容简介			
培训专家签字			
备　　注			

2. 培训信息（附表1-2）

附表1-2 培训信息报送表

培训时间		培训地点	
培训人数		培训专家	
培训主题			
培训具体情况及相关照片			
信息报送人		信息接收人	
报送时间			

3. 培训专家情况（附表1-3)

附表1-3 培训专家情况登记表

姓　　名		出生年月		性别	
专家领域		职　　称		学历	
毕业院校					
工作单位					
业务专长及 个人简介					
填报时间					
填报人签字					

4. 培训学员（附表1-4)

附表1-4 签到表

序号	姓名	电话、手机	所在镇村和从事产业

附件二 培训安排

大兴区全科农技员应时应季培训安排

1. 培训内容

具体培训主题。

2. 培训专家

培训专家姓名、单位、职称。

3. 培训时间

年月日，具体到培训开始时间。

4. 培训地点

培训地点，具体到会议室。

5. 组织和人员规模

培训组织和落实人员情况以及参加培训学员人数。

6. 培训形式

培训具体组织形式，例如，室内培训、实操指导或培训+实操。

附件三　培训效果调查表

1. 教学评估（附表 3-1）

附表 3-1　教学评估调查表

学员姓名：　　　　单位：　　　　　　填报日期：　　年　月　日

评估内容		评估指标	评价等次（请勾选）			
			优秀	良好	一般	较差
培训方案	1	对教学方案总体设计的评价				
	2	对培训内容针对性、实效性的评价				
	3	对培训方式方法多样性、灵活性的评价				
	4	对培训时间长短和进度安排的评价				
	5	对授课老师教学基本素养（教学态度、教学水平）的评价				
	6	对教学设施条件、教学手段现代化的评价				
	7	对小组研讨的评价				
	8	对课余活动的评价				
培训实施	9	对培训班教学组织、教学管理的评价				
	10	对培训班项目小组工作的评价				
培训效果	11	对达到培训目标程度的评价				

2. 学员满意度测评（附表3-2）

附表3-2 学员满意度测评调查表

学员姓名：　　　　　单位：　　　　　填报日期：　　年　月　日

评价项目	评价内容		评价等次（请勾选）			
	授课项目	授课人	优秀	良好	一般	较差
师资评价	1					
	2					
	3					
	4					
	5					
	综合评价					
教学评价	教学内容					
	教学水平					
	教学模式					
	综合评价					
服务管理评价	教学内容					
	教学水平					
	教学模式					
	综合评价					
总体满意度	对本次高研班满意度					
意见与建议						

3. 效果及影响因素调查问卷

全科农技员培训效果及影响因素调查

尊敬的女士/先生：

您好！本调查仅供研究使用，您的个人信息将得到有效保护，不会对您产生任何不利影响，感谢您的参与！

第一部分 基本情况（单选，以下各选择题请直接在所选答案下打"√"）

1. 您的性别：□0. 男　　□1. 女

2. 您的年龄：

□1. 20 岁及以下　□2. 21~30 岁　□3. 31~40 岁

□4. 41~50 岁　　□5. 51-60 岁　□6. 60 岁以上

3. 您的教育程度：

□1. 小学及以下　□2. 初中　　　□3. 高中或中专

□4. 大专　　　　□5. 本科及以上

4. 您所在的区县：区镇村。

5. 您是____年聘为村级全科农技员的。每年服务____人次，解决____个问题。

6. 您在全科农技员工作岗位上对农民提供的技术服务包括（可多选）

□A. 设施蔬菜　　□B. 露地蔬菜　　□C. 西甜瓜

□D. 粮食　　　　□E. 畜禽养殖　　□F. 水产养殖

□G. 果树种植　　□H. 花卉　　　　□I. 其他（请注明）____。

7. 您是否获得了职业技能资格证书

□1. 是　　　　　□2. 否

如果获得您获得的技能资格证书是：_____。

□1. 农艺工　　　□2. 园艺工　　　□3. 绿化工

□4. 其他（请注明）_____。

8. 您目前从事农业生产经营的主要组织形式是：

□1. 一般农户　　　□2. 种养大户　　□3. 家庭农场

□4. 农民合作社　　□5. 农业企业　　□6. 其他

9. 您的农业经营收入（近3年）月均大概有多少钱？请在表格相应的方框中打"√"

年份	2 000 元以下	2 001~4 000 元	4 001~6 000 元	6 001~8 000 元	8 001~10 000 元	10 001 元以上
2015 年						
2016 年						
2017 年						

第二部分　认知情况

1. 您平时爱学习吗？

□1. 不太爱学习　　□2. 一般　　　□3. 比较喜欢

2. 在日常生活中，您是否留心与农业相关的技术知识？

□1. 是　　　　　　□2. 否

3. 您对从事农业工作的看法是？

□1. 我愿意从事农业工作

□2. 我不愿意并且更喜欢打工等工作

□3. 我不愿意但是自然条件只能从事农业

4. 您认为全科农技员的作用发挥得怎么样？

□1. 好　　　　　　□2. 一般　　　□3. 不好

5. 您觉得村里农户对您作为全科农技员的认可情况怎样？

□1. 认可　　　　　□2. 一般　　　□3. 不认可

6. 您参加的培训哪一级别比较多？

□1. 市级　　　　　□2. 区县　　　□3. 乡镇及以下

7. 您参加过哪些部门组织的培训?

□1. 农委、农业局等　　　　　　　□2. 市科研院所

□3. 农广校　　　□4. 镇推广部门 □5 其他农业培训机构

□6. 其他（请注明）＿＿＿＿＿＿＿＿＿＿＿＿＿＿＿。

8. 担任全科农技员至今，您平均每年参加几次科技培训?

□1. 5 次以下　　　□2. 5~10 次　　　□3. 10~15 次

□4. 15~20 次　　　□5. 20 次以上

9. 您参加培训的目的是什么?

□1. 兴趣爱好　　　□2. 提高技能　　　□3. 增加收入

□4. 更好服务　　　□5. 获得学历、证书

□6. 其他（请注明）＿＿＿＿＿＿＿＿＿＿＿＿＿＿＿。

10. 您自认为培训的效果怎样?

□1. 好　　　　　　□2. 不好

如果不好，原因是什么?（请注明）＿＿＿＿＿＿＿＿＿＿＿。

11. 您认为培训内容与您期望的符合程度如何:

□1. 非常符合　　　□2. 符合　　　□3. 一般

□4. 不符合

12. 您是否能够听懂培训专家讲解的内容?

□1. 听懂且理解透彻　　　　　　　□2. 能听懂

□3. 大部分能懂　　　　　　　　　□4. 好多都不懂

13. 您有听不懂的部分，是什么原因?

□1. 自己基础知识不够　　　　　　□2. 老师讲得不够清楚

□3. 培训课程内容太深　　　　　　□4. 自己根本不想听

□5. 其他

14. 您认为培训对您有实际帮助吗，您是否愿意参加培训?

□1. 有非常大的帮助，非常愿意参加

□2. 有较大帮助，乐意参加

□3. 有点帮助，看情况参加

□4. 没有帮助，不愿参加

15. 需要缴费你是否还会愿意参加？□1. 是　　□2. 否

第三部分　培训效果评价

1. 您参加培训前后农业总收入的变化？

□1. 提高 10%～30%　　　　　　□2. 提高 30%～50%

□3. 提高 50%以上　　　　　　　□4. 有所减少

□5. 差不多

2. 您认为家庭收入的提高最主要是由于；（可选 3 项）

□1. 购买了新的品种，增加了化肥，农药等的投入

□2. 通过培训，采纳了新的栽培或养殖技术，提高了经营管理能力

□3. 通过培训，上了新的经营项目

□4. 政策因素　　　□5. 市场价格

3. 参加培训前后农业生产经营的变化情况：

是否有新的品种：□1. 有　　□2. 没有

产量（亩产）有没有变化：□1. 增加很多　　□2. 增加较多
□3. 有点增加　□4. 不确定　　□5. 没有变化

产品质量：□1. 提升很多　□2. 提升较多　　□3. 提升增加
□4. 不确定　□5. 提升变化

时间投入：□1. 增加很多　□2. 增加较多　□3. 有点增加
□4. 不确定　□5. 没有变化

资金投入：□1. 增加很多　□2. 增加较多　□3. 有点增加
□4. 不确定　□5. 没有变化

4. 参加培训后你用于购买农业科技书籍及相关资料的支出有多少？

□1. 100 元以下　　□2. 100～300 元

□3. 300～500 元　　□4. 500 元以上

5. 您认为培训是否对您日后的生产、生活有帮助？

☐1. 很有帮助　　☐2. 有帮助　　☐3. 没感觉

☐4. 根本没有帮助

6. 如果有帮助，主要体现在什么方面：（可选 3 项）

☐1. 改变了种植或养殖的品种

☐2. 提高了种植或养殖技术

☐3. 提高了服务能力，有利于服务其他农户

☐4. 提高了劳动技能、便于外出打工

☐5. 增长了见识，加强了自信心

☐6. 了解了更多的市场信息

☐7. 其他（请注明）＿＿＿＿＿＿＿＿＿＿＿＿＿＿＿。

7. 参加培训后，您是否采用了学到的知识技术？

☐1. 采用很多　　☐2. 采用较多　　☐3. 部分采用

☐4. 不确定　　　☐5. 没有采用

8. 参加培训后，您带动周边农户的服务质量有无变化？

☐1. 提升很多　　☐2. 提升较多　　☐3. 有点提升

☐4. 不确定　　　☐5. 没有变化

9. 针对培训请填写下表，请在表格相应的方框中打"√"

	非常满意5	满意4	一般3	不满意2	很不满意1
培训方式					
培训内容					
培训管理					
培训专家					
培训整体					

第四部分　影响培训效果因素调查（单选，请直接在所选答案下打"√"）

1. 您认为影响培训效果的最重要原因是：

☐1. 内容的适用程度　　☐2. 教学方法　　☐3. 时间安排

☐4. 教材　　　　☐5. 培训设施　　☐6. 培训的组织

☐7. 培训的教师

2. 您认为影响培训效果的个人因素是：

☐1. 对培训内容的接受程度　　　☐2. 个人的教育程度

☐3. 参加培训的时间和次数　　　☐4. 资金

☐5. 土地　　　　☐6. 生产工具条件

☐7. 社会关系

3. 影响培训效果的外部环境，最重要的是：

☐1. 基础设施条件 ☐2. 市场　　　　☐3. 政策配套

4. 在影响培训效果的三类因素中，您认为最重要的因素是：

☐1. 培训本身　　☐2. 个人因素　　☐3. 外部环境

第五部分　培训需求调查

1. 您觉得在什么季节举办培训合理？

☐1. 农闲季节　　☐2. 根据农业生产需求应时应季

☐3. 随时举办

2. 您觉得一次培训时间为多长更合适？

☐1. 1 天以内　　☐2. 2~3 天　　　☐3. 4~7 天

☐4. 8~14 天　　☐5. 15 天以上

3. 您愿意在什么地方接受培训？

☐1. 本村　　　　☐2. 就近　　　　☐3. 乡镇

☐4. 城里　　　　☐5. 无所谓

4. 您认为有效的培训形式是：

☐1. 应时应季培训 ☐2. 专题讲座　　☐3. 实操指导

☐4. 会议研修　　☐5. 参观观摩　　☐6. 远程培训

☐7. 微信、QQ 群等新媒体　　　☐8. 光盘学习

☐9. 其他

5. 您最需要哪方面的培训？

☐1. 农业专业理论　　　　　　　☐2. 市场营销知识

☐3. 政策法规　　　　　　☐4. 创新创业知识

☐5. 农业信息化　　　　　☐6. 生产技术实操技能

☐7. 其他

6. 您对开展全科农技员培训还有哪些建议？

_____

_____

附件四　培训需求调查表

培训及农业信息服务需求调查

尊敬的女士/先生：

您好！本调查仅供研究使用，您的个人信息将得到有效保护，不会对您产生任何不利影响，感谢您的参与！

第一部分　基本情况（单选，以下各选择题请直接在所选答案下打"√"）

1. 您的性别：□0. 男　　　　□1. 女

2. 您的年龄：＿＿＿岁

3. 您的教育程度：

□1. 小学及以下　　　□2. 初中　　　　　□3. 高中或中专

□4. 大专及以上

4. 您所在的区县：区镇村

5. 您家庭的月均纯收入：

□1. 2 000 元以下　　　□2. 2 001～4 000 元

□3. 4 001～6 000 元　　□4. 6 001～8 000 元

□5. 8 001～10 000 元　□6. 10 001 元以上

6. 您的家庭收入主要来自：

□1. 种植业　　　　□2. 林业　　　　　□3. 养殖业

□4. 加工业　　　　□5. 经营销售　　　□6. 上班工资

□7. 其他（请填写）

7. 您的家庭人口（指长期共同居住）：____人；其中主要劳动力____人。

8. 您目前主要的生产经营方式是：

□1. 一般农户　　　　□2. 种养大户　　　□3. 家庭农场

□4. 农民合作社　　　□5. 农业企业　　　□6. 其他

第二部分　培训效果调查（针对此次培训填写）

1. 您对培训整体情况的满意度：

□1. 非常满意　　　□2. 满意　　　□3. 一般　　　□4. 不满意

2. 您对培训内容的满意度：

□1. 非常满意　　　□2. 满意　　　□3. 一般　　　□4. 不满意

3. 您对培训的方式方法是否满意：

□1. 非常满意　　　□2. 满意　　　□3. 一般　　　□4. 不满意

4. 您对专家授课水平的满意度：

□1. 非常满意　　　□2. 满意　　　□3. 一般　　　□4. 不满意

5. 您对培训组织管理的满意度：

□1. 非常满意　　　□2. 满意　　　□3. 一般　　　□4. 不满意

6. 培训内容与您期望的符合程度如何：

□1. 非常符合　　　□2. 符合　　　□3. 一般　　　□4. 不符合

7. 参加培训后，您对相关知识、原理、实用技术、技能提高程度是否满意：

□1. 非常满意　　　□2. 满意　　　□3. 一般　　　□4. 不满意

8. 科技培训是否对您的种养结构产生影响？

□1. 影响很大　　　□2. 有一定影响

□3. 影响一般　　　□4. 没什么影响

9. 科技培训对产品质量提高的作用：

□1. 非常有用　　　□2. 比较有用

□3. 作用一般　　　□4. 没什么作用

10. 科技培训对种养业增产增效的作用：

☐1. 非常有用　　　☐2. 比较有用

☐3. 作用一般　　　☐4. 没什么作用

11. 科技培训对提高收入的作用：

☐1. 非常有用　　　☐2. 比较有用

☐3. 作用一般　　　☐4. 没什么作用

12. 以后提供培训机会，您还会愿意参加吗？

☐1. 非常愿意　　　☐2. 愿意

☐3. 看情况再说　　☐4. 不愿意

13. 经过这次培训，您未来是否打算采用农业节水技术？

☐1. 是　　　　　　☐2. 否

14. 您是否会把节水技术介绍给其他人？

☐1. 是　　　　　　☐2. 否

15. 您对开展科技培训还有哪些建议？

_____

_____

第三部分　农业信息服务需求调查

1. 您在农业生产中遇到的困难有哪些_____，请按重要性排序_____。

①资金问题；②技术问题；③信息；④劳动力；⑤产品销售；⑥其他（说明）_____。

2. 您在农业生产生活中需要的信息有哪些_____？请将这些信息按重要性排序_____。

①农业科技信息；②农业技术培训信息；③农业政策信息；④农产品供求信息；⑤农资供应信息；⑥病虫害防治；⑦气象与灾害预报防治信息；⑧外出务工信息；⑨农产品加工信息。

3. 您的农业信息主要通过哪些途径获得的_____？请按重要性排序_____。

①电视；②电话；③手机短信；④微信、QQ等；⑤互联网

（网络浏览、电子邮件）；⑥录像光盘；⑦报纸期刊；⑧讲座培训；⑨实地观摩；⑩邻居亲戚朋友。

您相信以上哪些途径获得的信息_____，请按信任度排序_____。

4. 您通过以上渠道获得的农业信息主要来源于哪些部门？_____。

①农技推广部门；②农业科研院所；③农业信息服务机构；④农资经营门市；⑤农业技术员；⑥农业专业合作社及园区；⑦农业龙头企业。

您相信以上哪些部门提供信息_____，请按信任度排序_____。

5. 您认为提供的农业信息服务对生产生活的作用怎样？_____。

①很重要；②一般；③没什么用。

6. 您对农业信息服务点（服务员）的服务是否感到满意？

①非常满意；②满意；③一般；④不满意；⑤无所谓。

如不满意，您认为哪些方面做得不到位？_____

7. 您在平常接收农业信息的过程中是否存在障碍？_____

①存在；②不存在。

若有，请问主要存在与哪些方面_____

①没有电脑，接收信息不方便；②信息传递不及时；③接收的信息没有用；④接收到的信息不够专业；⑤对接收到的信息理解不了；⑥手机没有微信、QQ 等，接收信息不方便；⑦其他（请注明）_____。

附件五　培训简报

大兴区全科农技员
应时应季培训工作简报
第　九十九　期

北京市大兴区农村工作委员会
北京市农林科学院编　　2018 年 9 月 18 日

轻简高效栽培技术　保障叶菜科学生产
——大兴区长子营镇全科农技员应时应季培训

　　为提高全科农技员叶菜栽培技术水平，应大兴长子营镇农办邀请，2018 年 9 月 18 日，北京市农林科学院农业信息与经济研究所在该镇成人学校举办了全科农技员应时应季培训，开展叶菜栽培技术方面的指导，邀请北京市农林科学院蔬菜研究中心张宝海研究员担任指导专家，来自该镇的 83 名全科农技员及农村实用人才积极参加。

　　培训过程中，张老师重点将叶菜的育苗、定植、水肥管理等轻简高效栽培技术一一进行了详细讲解，分享了近几年他在生产实践中总结的科学经验。其中，叶菜的穴盘育苗技术引起学员的好奇，纷纷拿出手机拍照记录，气氛热烈。随后张老师解答了学员在生产中遇到的实际问题，并进行了经验交流讨论。理论培训后，张老师带领学员到绿农蔬菜种植基地开展了实操技术指导，针对基地种植的韭菜、香菜、生菜等叶菜生产情况，有针对性地讲解了关键栽培技术，为蔬菜增产增收打下坚实基础。

会后，信息所工作人员向全科农技员推介了多渠道农业信息服务方式，并发放了相关材料，引起学员的广泛关注，此次培训获得高度认可。

长子营镇全科农技员培训现场

全科农技员认真听课并记录

专家讲授叶菜高效生产技术

全科农技员培训签到

专家进行实地指导

报送：北京市农村工作委员会、北京市农业农村局、北京市农林
　　　科学院、大兴区农村工作委员会、大兴区财政局相关领导

抄送：北京市农村工作委员会、北京市农业农村局、北京市农林
　　　科学院、大兴区农村工作委员会、大兴区财政局相关处
　　　室、大兴区长子营镇人民政府

（共印50份）

附件六　媒体报道

1. 科技日报——北京新农村科技服务热线板栗讲座入农心
(2013 年 1 月 14 日)

2. 京郊日报——科技"走转改"进村送技能（2013 年 1 月
12 日）

3. 京郊日报——农民备春耕　科技送下乡（2014年3月5日）

4. 京郊日报——蔬菜雹灾后自救措施（2014年6月30日）

5. 京郊日报——微信圈里春耕忙（2015 年 4 月 23 日）

6. 中国科学报——"12396 科技服务热线"：架设专家与农民的桥梁（2015 年 7 月 31 日）

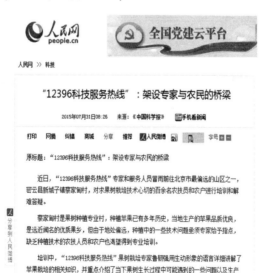

7. 京郊日报——全科农技员 打擂赛技能（2015 年 12 月 15 日）

8. 京郊日报——"农把式"打擂秀种地绝活儿（2016 年 10 月 26 日）

9. 京郊日报——农科服务热线　年均解题两万

10. 京郊日报——农科热线为民扶贫解困（2017年4月26日）

11. 科技日报——北京市农林科学院：打通农业信息服务"最后一公里"（2017 年 10 月 31 日）

12. 京郊日报——"农科小智"上线　全天候答疑解惑（2017 年 12 月 26 日）

13. 农民日报——北京"新型职业农民科技之星"评选揭晓 (2019 年 1 月 22 日)

14. 中国科技网——科技下田间，扶智又扶志 (2019 年 4 月 15 日)

参考文献

［1］ 张静，于艳丽，郭洪水. 乡村振兴视角下新型农业创业人才培养路径探析［J］. 西北农林科技大学学报（社会科学版），2020，20（1）：153-160.

［2］ 赵玉亮，史雅楠. 十九大以来乡村人才振兴研究文献综述［J］. 安徽农业科学，2019，47（24）：7-9+12.

［3］ 王晓临. 新形势下新型职业农民培训教育工作的思考［J］. 辽宁农业职业技术学院学报，2019，21（3）：60-61.

［4］ 郑劭育. 新型职业农民培训与乡村振兴战略［J］. 当代继续教育，2019，37（1）：47-53.

［5］ 葛笑如，刘硕. 十九大以来的乡村振兴研究文献综述［J］. 山西农业大学学报（社会科学版），2019，18（1）：1-8.

［6］ 北京国际城市发展研究院首都科学决策研究会制度供给与政策创新研究课题组. 关于适应新时代要求培育新型职业农民的14条政策建议［J］. 领导决策信息，2018（32）：24-25.

［7］ 李凌. 北京农民教育政策演变与评述［J］. 今日科苑，2018（7）：27-36.

［8］ 吴振利. 论新形势下的新型职业农民培育［J］. 农业经济，2018（4）：67-69.

［9］ 王雪松，赵丹. "互联网+新型职业农民培训"的作

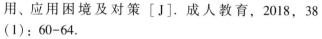

用、应用困境及对策［J］.成人教育，2018，38
（1）：60-64.

［10］ 朱再昱，余汉英，苗其俊，许跃峰.新型职业农民培
育的研究现状及展望［J］.职教论坛，2017（31）：
73-76+81.

［11］ 魏学文，刘文烈.新型职业农民：内涵、特征与培育
机制［J］.农业经济，2013（7）：73-75.

［12］ 谢晓刚.创新"三下乡"推动乡村振兴［N］.中国商
报，2018-12-20（P01）.

［13］ 郑一淳.农民科技教育学导论［M］.北京，中国农业
出版社，2009：5-73.

［14］ 朱启臻，闻静超.论新型职业农民及其培育［J］.农
业工程，2012，3：1-4.

［15］ 郭智奇，齐国，杨慧，等.培育新型职业农民问题的
研究［J］.中国职业技术教育，2012，15：7-13.

［16］ 宋夕平.浅析柯氏模型在培训效果评估中的运用
［J］.科技管理研究，2007，2：244-245，209.

［17］ 赵亚南.柯氏模型基本原则在提高培训有效性中的应
用研究［J］.继续教育，2015，5：47-48.

［18］ 郭恒源.基于柯氏模型的非学历教育培训有效性评价
研究［J］.知识经济，2011，18：136-137.

［19］ 朱仁宏.以柯氏模型为导向的培训评估体系研究
［J］.胜利油田职工大学学报，2006，4：1-3.

［20］ 陈豫梅，覃国森，莫霜.农民职业教育培训评价标准
研究综述［J］.安徽农业科学，2020，14：254-256.

［21］ 王丽萍，曾祥龙，方婧.新型职业农民培训效能评价
模型研究--基于广东新型职业农民培训班调查数据
实证分析［J］.南方农村，2020，2：35-41.

［22］ 廖开妍，杨锦秀，刘昕禹. 新型职业农民培训效果评价及其影响因素——对四川省成都市 812 位参训农民的调查［J］. 职业技术教育，2019，36：45-50.

［23］ 吴业东，张霞. 浙江省农民教育培训有效供给评价研究［J］. 成人教育，2020，7：43-50.